工程造价管理研究前沿丛书

工程造价专业人才培养与发展战略研究报告

中国建设工程造价管理协会　主编

中国建筑工业出版社

图书在版编目（CIP）数据

工程造价专业人才培养与发展战略研究报告 / 中国建设工程
造价管理协会主编 . —北京：中国建筑工业出版社，2016.8
（工程造价管理研究前沿丛书）
ISBN 978-7-112-19645-6

Ⅰ. ①工…　Ⅱ. ①中…　Ⅲ. ①工程造价—专业人才—人才
培养—发展战略—研究报告—中国　Ⅳ. ①TU723.3

中国版本图书馆 CIP 数据核字（2016）第 183693 号

　　我国工程造价行业起步较晚，相比国际先进的专业人才情况，现阶段我国工程造价
专业人员在供求数量、能力标准、职能结构、管理及培养方式等方面还存在一些缺陷。
此外，政府对工程造价专业人员培养日益重视，住房和城乡建设部在"十二五"规划中
已经把加强工程造价人才队伍建设提上日程。因此，如何制定工程造价专业人才的培养
与发展战略成为亟待解决的问题。

　　本书从工程造价行业发展现状出发，通过对工程造价行业及专业工程造价人员面临
的问题进行全面梳理和分析，研究并制定了一个合理有效的中国的工程造价专业人才培
养与发展战略，为专业人才的健康发展提出合理建议并为其指明发展方向。

责任编辑：赵晓菲　朱晓瑜
责任校对：李欣慰　李美娜

工程造价管理研究前沿丛书
工程造价专业人才培养与发展战略研究报告
中国建设工程造价管理协会　主编
*
中国建筑工业出版社出版、发行（北京西郊百万庄）
各地新华书店、建筑书店经销
北京京点图文设计有限公司制版
北京云浩印刷有限责任公司印刷
*
开本：787×1092 毫米　1/16　印张：18¾　字数：240 千字
2016 年 10 月第一版　2016 年 10 月第一次印刷
定价：78.00元
ISBN 978-7-112-19645-6
　　　　（29134）

主要完成单位： 中国建设工程造价管理协会

天津理工大学公共项目与工程造价研究所

主要研究人员： 柯　洪　李成栋　郝治福　崔智鹏　岳　璐

施　笠　孔宪珍　张兴旺

审　定　人： 吴佐民

　　随着建筑业在我国经济建设中的地位越来越重要，工程造价专业人才需求量不断增加。目前，我国注册造价工程师已经突破 15 万，造价员超过 134 万人。开设工程造价专业的本科院校有 170 所，专科院校 630 所，每年有大量工程造价专业学生毕业并投身于专业工作，如何对这一数量庞大的专业队伍进行管理和建设，亟需进行战略规划。2010 年国务院印发了《国家中长期人才发展规划纲要（2010—2020 年)》（以下简称《人才规划纲要》），并发出通知，要求各地区各部门结合实际认真贯彻执行。《人才规划纲要》是我国第一个中长期人才发展规划，可见人才培养与发展战略已经上升到国家层面，表明国家对人才培养及其发展战略的高度重视，并将对此提供资金投入与政策支持。与此同时，住房和城乡建设部 2011 年印发《工程造价行业发展"十二五"规划》（建标造函 [2011]96 号），2014 年印发《住房城乡建设部关于进一步推进工程造价管理改革的指导意见》（建标 [2014]142 号），为我国工程造价行业的深入改革指明了方向。在这样的发展趋势下，对工程造价专业人才培养与发展战略的研究就显得尤为重要。随着我国工程造价行业的不断发展，工程造价专业人才在数量需求、能力标准、培养模式等方面都在一定程度上显露出问题。

　　1. 工程造价专业人才培养数量与需求匹配问题

　　据国家统计局数据显示，在过去的十年间建筑业总产值的增加值呈现持续上升趋势，这使得工程造价行业专业人才的需求数量也呈猛增之势。随着建筑业总产值持续增加和社会对工程造价专业人才的大量需求，我国越来越多的学校开设了工程造价专业，工程造价专业人才培养也逐渐规范化。然而，随着我国经济发展面临的产业结构调整形势，建筑业的发展必然会放缓现有的势头，因此工程造价专业人才培养数量是否与未来社会需求量相匹配就成为必须深入研究的问题。因此，应当在了解现阶段工程造价专业人才供求情况的基础上准确预测未来的人才供求关系，一方面可以保证工程造价专业人才的培养满足社会发展的需求；另一方面也能有效预防工程造价专业人才培养的数量冗余。

2. 工程造价专业人才的能力范围和标准亟需转变

工程造价专业的发展已经提出了专业人才的职业领域从传统的算量套价拓展到以工程价款为核心的项目管理的必然需求。与此同时，包括"一带一路"在内的国家发展战略的制定，使得我国建筑市场的国际化趋势越来越明显。以信息化为代表的各种新技术的出现，都对工程造价专业人才的能力范围和标准提出了新的要求。在这一新形势下，如何对工程造价专业人才的能力标准进行合理制定，并予以合理的层级划分，成为指导我国工程造价专业人才未来培养方式和培养内容的关键问题。

3. 现阶段我国对工程造价专业人才培养及管理模式尚存不足

随着我国对工程造价专业人才的管理重视程度不断加强，其管理制度也逐渐完善，职业资格的获取不仅对教育背景有严格要求，还需要通过全国统一考试并取得执业（从业）资格证书，但相对国外先进的多样化方式和会员等级等管理制度以及国内一些等级划分明确的相关专业人才管理制度还存在一定差距。为推动我国工程造价专业人才自身职业规划的制定以及工程造价行业长期发展，需要从学历教育、执业教育和继续教育等层面重新构建工程造价专业人才的职业生涯的培养体系，并探索针对不同层次造价专业人才的培养模式的有效方案。

综上所述，我国工程造价行业起步较晚，相比国际先进的专业人才情况，现阶段我国工程造价专业人员在供求数量、能力标准、职能结构、管理及培养方式等方面还存在一些缺陷。此外，政府对工程造价专业人员培养日益重视，住房和城乡建设部在"十三五"规划中已经把加强工程造价人才队伍建设提上日程。因此，如何制定工程造价专业人才的培养与发展战略成为亟待解决的问题。

工程造价专业人才是我国建筑业领域人才队伍的重要组成部分，是维护市场经济秩序、推动科学发展、促进社会和谐的重要力量。加强工程造价专业人才队伍建设，不仅关系到提高工程造价行业核心竞争力、确保工程造价管理工作健康有序的发展，而且关系到全国实施专业人才战略、建设创新型国家的大局。然而从对我国工程造价专业人才现状的初步研究发现，还存在着许多不尽如人意的地方。因此，本研究的目的是从工程造价行业发展现状出发，通过对工程造价行业及专业工程造价人员面临的问题进行全面梳理和分析，研究并制定一个合理有效的中国的工程造价专业人才培养与发展战略，为专业人才的健康发展提出合理建议，并为其指明发展方向。

目 录

目录

第一篇

绪论

第一章 我国工程造价专业人才现状

第一节 我国工程造价专业人才建设的发展与回顾

一、我国工程造价管理的发展

自 1950 年到 1957 年，在计划经济体制下，我国以定额为基础的概预算制度的建立，标志着新中国成立以后工程造价管理制度的初步建立。随后的几十年里，工程造价管理模式、工程造价管理机构设置和工程造价专业人才都在不断演化和改革，具体改革内容如图 1-1 所示。

从图 1-1 中可以看出工程造价管理模式、工程造价管理机构设置以及工程造价专业人才在短短几十年里都有了很大变化。管理模式更加完善，机构设置更加合理，专业人才更加符合市场需求。而且，据统计，截至 2014 年年底，我国共有甲级资质咨询企业 2774 家，形成了年营业收入 1064.19 亿元的工程造价咨询产业 ❶。工程造价咨询业的形成和发展，为工程造价的合理确定和控制提供了职业化、专业化、全过程的咨询服务，为提高建设工程投资效益、维护双方的合法权益发挥了重要作用。

---

❶ 数据来源：住房和城乡建设部 www.mohurd.gov.cn。

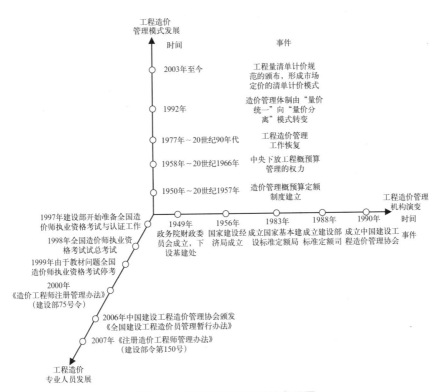

图 1-1　国内工程造价管理的发展图

二、我国工程造价专业人才现有规模情况

（一）在职专业人才现有规模情况

1. 造价工程师情况统计

造价工程师是我国从事工程造价专业工作的高级人员，其现状可以体现我国工程造价行业发展的大体水平，为工程造价行业长期发展提供依据。我国自 1997 年正式执行造价工程师执业资格考试制度以来，造价工程师队伍不断壮大。据不完全统计，截止到 2015 年 12 月我国通过造价工程师执业资格考试的人员共 168248 人，注册造价工程师人数达

150241 人（含香港地区和各个行业分委员会）❶，为了能够清晰地描绘注册造价工程师新增数量状况，绘制 2004 ~ 2014 年造价工程师每年新增注册数量折线图，具体内容如图 1-2 所示。

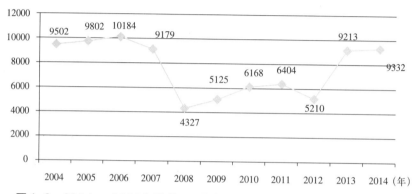

图1-2 2004 ~ 2014 年造价工程师每年新增注册数量统计图（单位：人）

数据来源：住房和城乡建设部 www.mohurd.gov.cn

　　由图 1-2 分析可得，2004 ~ 2007 年造价工程师平均每年注册人数为 9666，注册量相对稳定。2008 年由于建筑业受全球金融危机影响，我国造价工程师的注册数量明显减少，2008 年新增造价工程师数量跌至 4327 人。为应对全球金融危机的影响，国家投资 15000 亿❷ 左右用于铁路、公路、机场、水利等基础设施建设，工程造价行业得到一定程度的恢复，年新增造价工程师数量开始稳步回升，2008 ~ 2012 年造价工程师平均每年注册人数为 5446，2013 年和 2014 年对比前五年造价工程师的注册数量又明显增加（2013 年和 2014 年注册人数分别为 9213 人和 9332 人），且增加数量趋于稳定。

　　2. 造价员情况统计

　　造价员是我国从事工程造价工作的专业人员之一，造价员的现状

---

❶　数据来源：住房和城乡建设部 www.mohurd.gov.cn。
❷　数据来源：中国 4 万亿投资计划。

也会在一定程度上影响工程造价行业的发展。据统计，截止到2015年，我国造价员的数量约为134万❶人。

（二）在校工程造价专业学生现有规模情况

1. 本科院校工程造价专业招生量统计

据不完全统计，2015年工程造价本科招生数量是15138人，其中一本964人，二本8411人，三本5763人。为区分本科阶段人才培养层次及了解近几年招生增长趋势，为我国人才培养模式的改革提供依据，现绘制历年工程造价本科专业招生量的增长趋势，见图1-3。

图1-3　历年工程造价本科专业招生数量趋势图

图1-3可以看出近几年工程造价本科专业招生数量呈上升趋势，特别是二本和三本专业增长速度相对均衡。总的来看，2010～2015年增长速度呈"峰"状。2010～2012年增长速度比较缓慢，2011年同比增长17.4%，2012年同比增长14.1%；受到2012年教育部招生专业目录调整的影响（工程造价专业从2002年初设时的目录外专业变更为2012

❶　数据来源：中国建设工程造价管理协会。

年的基本专业），2013 年工程造价本科专业招生数量同比增长 88.5%，2014 年同比增长 46.6%；2015 年增速稍稍放缓，同比增长 28.7%，即从 2015 年开始增长速度有所下降。

2. 专科院校工程造价专业招生数量统计

近几年在政府的推动下建筑行业得到迅速发展，为满足建筑行业对工程造价专业人才的需求，教育部根据国民经济和社会发展的需要将工程造价专业作为热门专业在许多高等专科学校中设立。为方便对工程造价人才供需上的分析，避免工程造价方面人力资源的浪费，满足建筑行业对工程造价人员的需求，统计近几年我国高等专科学校的招生数量情况如图 1-4 所示。

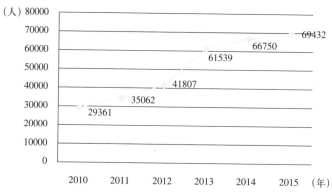

图 1-4 2010～2015 年我国高等专科院校招生总数（单位：人）

资料来源：教育部高校招生阳光工程指定平台（指导单位：教育部高校学生司）；各高校官方网站

由图 1-4 可以发现，2010～2015 年 7 月工程造价专业专科院校招生数量不断增加且呈逐年增长的趋势，2015 年招生量已经达到 69432 人。随着工程造价人才招生规模的不断扩大，未来人才供给量可能出现过剩问题，这将会导致人才资源的浪费，因此应当引起重视。

三、我国对工程造价专业人才管理及保障

我国目前对工程造价专业人才的管理，采取政府主管部门与其授权的行业协会等社会团体共同管理的组织模式，各管理部门之间是各有分工、相互依赖的关系。

1. 政府主管部门的管理

在我国工程造价专业人才管理中,政府主管部门的管理占主导地位。现阶段我国政府主管部门进行管理的主要内容有：建立统一开放、竞争有序的市场，为全行业创造一个有利的外部环境；建立、健全行业法规体系,加强执法监督,依法规范市场;实行专业人员职业资格注册制度等,并实行法制化管理。

2. 行业协会管理

我国工程造价咨询行业协会包括中国建设工程造价管理协会、各地工程造价管理协会以及国务院各部门的工程造价专业协会和工作委员会，是在政府主管部门的领导下开展工作，协助政府实现部门职能。中国建设工程造价管理协会（China Engineering Cost Association，简称中价协 CECA），成立于 1990 年 7 月，是具有法人资格的全国性社会团体，协会章程中对该团体的业务范围作了详细规定。

四、我国工程造价专业人才业务范围及职责

（一）工程造价专业人才的业务内容

1. 基本业务内容

为了提高工程造价咨询单位的业务管理水平，住房和城乡建设部发布了《建设工程造价咨询规范》GB/T 51095–2015，该规范对工程造价咨询业务范围进行了说明。主要内容如下：

工程造价咨询是指咨询企业接受委托，运用工程造价的专业技能，为建设项目决策、设计、发承包、实施、竣工等各个阶段工程计价和工程造价管理提供的服务，主要包括投资估算的编制与审核；经济评价的编制与审核；设计概算的编制、审核与调整；施工图预算的编制与审核；工程量清单的编制与审核；最高投标限价的编制与审核；工程结算的编制与审核；工程竣工决算的编制与审核；全过程工程造价管理咨询；工程造价鉴定；方案比选、限额设计、优化设计的造价咨询；合同管理咨询；建设项目后评价；工程造价咨询服务；其他工程造价咨询工作。

2. 拓展业务内容

针对当前市场客观情况，工程造价专业人才除了做好目前的基本业务之外，必须以市场需求为导向，积极拓展业务范围，发展与工程造价相关的新的咨询业务种类。

（1）全过程工程造价管理咨询

全过程工程造价管理咨询是全过程工程咨询的一部分，主要特点就是对工程项目成本的全过程动态控制，即有效的利用专业、技术专长与方法去计划和控制资源、造价、利润和风险，并使之贯穿项目始终。

（2）全生命周期工程造价咨询

这种咨询方法主要是应用全生命周期工程造价管理理论与方法进行工程造价咨询服务。建设项目全生命周期造价管理范式的核心思想，就是将一个项目的建设期成本与项目运营期成本进行综合考虑，即建设项目全生命周期成本等于项目建设期成本加上项目运营期成本，通过科学的设计和计划设法使项目全生命周期成本最小。

（二）造价工程师的执业范围

《注册造价工程师管理办法》（建设部令第 150 号）对造价工程师的执业范围做了详细的界定，具体内容包括：建设项目建议书、可行性研究投资估算的编制和审核，项目经济评价，工程概、预、结算、竣工结（决）算的编制和审核；工程量清单、标底（或者控制价）、投标报价的编制和审核，工程合同价款的签订及变更、调整、工程款支付与工程索赔费用的计算；建设项目管理过程中设计方案的优化、限额设计等工程造价分析与控制，工程保险理赔的核查；工程经济纠纷的鉴定。

按照建设项目基本建设程序划分，各阶段的造价工程师的执业内容，具体内容如图1-5所示。

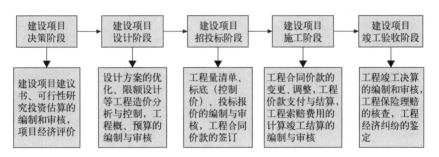

图1-5　按基本建设程序划分的造价工程师执业内容

五、我国工程造价专业人才认证制度及培养模式

（一）工程造价专业人才的考试制度

1. 造价工程师的考试制度

《造价工程师执业资格制度暂行规定》（人发 [1996]77 号）（以下简称"77 号文"）第二章对造价工程师考试制度进行了规定。随后，国家又下达了《关于实施造价工程师执业资格考试有关问题的通知》（人发 [1998]8 号）对造价工程师进行了详细规定。

2. 造价员的考试制度

《全国建设工程造价员管理暂行办法》（中价协 [2006]013 号）中对

造价员的考试大纲编写、考试科目、考试条件等内容做了明确规定。

（二）我国对工程造价专业人才的注册

《注册造价工程师管理办法》（建设部第 150 号令）对造价工程师的注册条件、注册程序、延续注册和变更注册以及不予注册的情况都进行了明确的规定。《全国建设工程造价员管理暂行办法》（中价协 [2006]013号）明确规定造价员的登记条件和登记程序等。

（三）我国对工程造价专业人才的培养

在我国，工程造价专业人士的培养体系实质上是专业人士终身教育过程，它包括学历教育、执业教育和继续教育三个阶段。执行这个教育体系的主体是高校和行业协会。高校通过开设专业课程，进行直接教育，使工程造价专业的学生具备基础能力，而行业协会通过课程认证制度、专业人士认可制度、继续教育三大机制，介入对工程造价专业人士的教育和培养。随着教育培养体系的不断完善，行业协会作用的不断加大，这成为对工程造价专业人士培养发展的趋势。

1. 高校对工程造价专业人才的培养

根据现阶段高校工程造价专业招生数量的统计，发现近几年无论是本科招生人数还是专科招生人数都呈上升趋势。截止到 2015 年 7 月，全国共有 170 所高校开设了工程造价本科专业，主要分布在工程技术类院校、管理类院校、财经类院校，且二本和三本院校居多，少有重点院校开设此专业。这在一定程度上说明工程造价专业在我国起步较晚，课程设置、培养模式上可能存在一定缺陷。

2. 造价工程师的继续教育

《造价工程师执业资格制度暂行规定》（人发 [1996]77 号）第十三条规定：再次注册者，应经单位考核合格并有继续教育、参加业务培训的证明；第十八条造价工程师应履行义务中规定：自觉接受继续教育，更新知识，积极参加职业培训，不断提高业务技术水平。《注册造价工程师管理办法》（建设部第 150 号令）中规定延续注册必须提供继续教育的合格证明，并且对继续教育的学时及合格标准都有了明确的规定，具体的教育形式和学时折算办法都在《注册造价工程师继续教育实施暂行办法》（中价协 [2007]025 号）中进一步予以详细规定。同时，随着网络信息化时代的到来，中价协又颁发了《造价工程师继续教育实行网络教育的办法》（中价协 [2004]002 号），拓宽了继续教育的渠道，使得专业人员参加继续教育的形式更加灵活。总之，继续教育既是造价工程师的权利也是义务，作为合格的造价工程师就要接受相关知识的继续教育。这也是国家相关部门及行业协会对造价工程师进行管理的一种有效手段。

第二节　发达国家和地区工程造价专业人才发展现状

在英国，从 16 世纪开始出现了工程项目管理专业分工的细化，随着业主或承包商对测量和确定已经完成的项目工作量人才的需求，工料测量师（QS）这一从事工程项目造价确定和控制的专门职业在英国诞生了。1976 年由当时美国造价工程师协会（AACE）、英国的造价工程师协会（ACE）、荷兰的造价工程师协会（DACE），以及墨西哥的经济、财务与造价工程学会（SMIEFC）发起成立了国际造价工程联合会（ICEC）。这一联合会成立后，在联合全世界的造价工程师及其工料测量师及其协会和项目经理及其协会三方面的专业人员和专业协会方面，在推进工程造价管理理论与方法的研究与实践方面都做了大量的工作。本报告选择英国和美国工程造价专业人才情况与我国工程造价专业人才进行比较分析。

一、英国工程造价行业人才现状

（一）英国对工程造价专业人才的管理及保障

英国政府对各类专业人士的管理以宏观调控为主，而行业协会实行高度自律，负责对从业人员进行职业资格认可、注册、行为监督和管理等，市场根据其市场经济的规律，对从业人员实行优胜劣汰，从而形成了一套由政府、行业协会和市场三方共同作用的较为完善的管理体系，具体形式如图 1-6 所示。

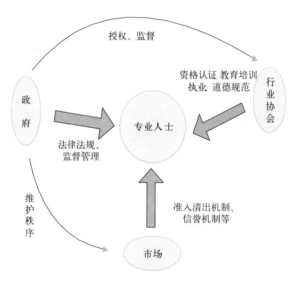

图 1-6　英国专业人士的管理体系

在英国市场经济模式下，政府并不直接插手经济事务，没有行业管理的归口部门，也不设立专门的行业主管机构。政府只通过制定完善的法律、法规及技术标准体系，规范行业市场行为，严格执法监督管理等宏观调控方式，保障市场的良性运行。皇家特许测量师协会（RICS）对工料测量师的管理总体可以概括为三个方面：一是代表政府对相关从业人员进行资格准入和认可；二是对专业人士教育的介入和管理，包括对高校课程的认证，以及提供继续教育，从而保证从业人员的技巧、能力和知识的不断更新和加强；三是对整个行业的管理监督，包括制定严格的工作条例和职业道德标准以及对从业人员的执业行为进行监督控制。

（二）英国工程造价专业人才规模现状

据英国建筑联合会的数据显示，2007 年（在萧条的前一年）英国工料测量师的雇佣数量达到 44884 人，比前一年增长了 25%；但由于经济危机的发生，2008 ~ 2009 年人数发生了逆转，随后又随着经济状况的改善，工料测量师的人数也慢慢得到改善，在 2011 年增长 2%，2012 年增长 1.8%，工料测量师的总量达到 45036 人。而英国建筑行业在这期间也发生了一定变化，为较清晰地观察英国建筑行业变化，现对英国年住宅新开工数量进行分析，具体内容如图 1-7 所示。

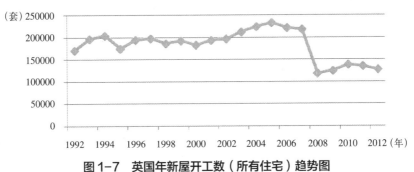

图 1-7 英国年新屋开工数（所有住宅）趋势图

从图上可以看出，由于经济危机的影响，2008 年英国新屋开工数较之前产生急剧下降，说明建筑行业在一定程度上受到打击，随后，经济危机得到缓和，英国建筑业也得到改善，新开工的住宅数量得到缓慢回升。

总之，英国的建筑市场对专业人才数量的影响较大，当建筑市场需求量大时，工料测量师的数量就多，当建筑市场不景气，需求量小时，工料测量师的数量就会相应减少。

（三）英国工程造价专业人才的业务范围及职责

英国皇家特许测量师协会对工料测量师的定义是："皇家特许工料测量师是建筑队伍的财务经理，他们通过对建设造价、工期和质量的管理，创造和增加价值，在各种规模的建设项目和工程项目中他们均能提供有效的造价管理和控制，同时作为咨询专家在公共事务中他们比任何其他专业的咨询专家提供的服务内容都要多。"因此，工料测量师的功能就是为项目业主或承包商分析投资和开发项目；主要工作内容涉及生产性和投资性需求评估，作业管理和成本评估，项目可行性分析和预算评估等。随着业主要求的不断变化，工料测量师的工作范围发生变化，主要包括：战略管理、承包管理、数学基础和应用能力、项目管理、多专业性工作、对项目实施方式的建议、总费用等七个方面。

（四）英国工程造价专业人才的认证制度及培养模式

1. 英国工程造价专业人才的认证制度

在英国，对工料测量师的执业资格认可工作是由皇家特许测量师协会全权负责。皇家特许测量师协会采用会员资格和执业资格合一的方法进行管理，从业人员要想获得执业资格，必须满足皇家特许测量师协会的入会标准并经过一定时间的实践培训，经考核合格后，成为皇家特许测量师协会的正式会员，即具有了执业资格，可以独立从事工料测量的各项工作。另外皇家特许测量师学会考虑到专业人士的知识和年龄结构，将会员分为不同等级，其中正式会员包括含有资深会员和专业会员两类，非正式会员包括学生会员、实习测量师以及技术练习生。

2. 英国工程造价专业人才的培养模式

（1）英国高校工程造价专业人才的培养模式

在英国，大学被授予了相当大的办学自主权，它们可以自己决定其专业名称和学制年限，在专业设置和管理模式上也强调自身特点。

（2）英国工料测量师的继续教育制度

英国皇家特许测量师协会执行继续教育制度（Continuing Professional Development，CPD）。CPD 就是在特许测量师自身的职业发展中，用终身学习的方法去规划、管理职业发展，并从职业发展中获取最大的收益。在这里，英国皇家特许测量师学会（RICS）特别强调系统性的学习，强调对学习机会的综合理解。CPD 具有三个特点：持续不断的、专业性的、注重发展的。CPD 基本原则：①职业发展应当由学习者个人掌握和支配；②职业发展应保持持续不断地进行，专业人士应当经常积极地去寻求提高专业水平；③ CPD 是个人行为，高效率的学习者对其所要学习掌握的了解最多；④学习目标必须明确；⑤必须抽出一定的时间进行学习，并把这作为职业生涯的重要部分，而不是可有可无的额外行为。有效的 CPD 需要制定系统性的学习计划，这一系统性的学习计划包含 4 个阶段，分别是评价、规划、发展、总结。每个阶段需要解决的问题不同，从评价自身、确立目标、如何实现目标，一直到对实现目标以后的评价。

二、美国工程造价行业人才现状

（一）美国对工程造价专业人才的管理及保障

美国对工程造价专业人才的管理特点是"政府宏观调控，行业高度自律"。美国政府对专门职业的管理主要包括联邦和州议会立法、联邦和州政府管理、行业自律管理三个层次，而国会对专门职业除一些特殊职业（如评估业）外，一般不做专门的立法。基于这一特点，在美国没有主管工程造价咨询业的政府部门，这意味着造价工程师不属于美国政府注册的专业人士。另外，美国通常对工程造价咨询单位没有资质要求，而且注重对执业人员的资格认证。

美国专门的职业协会是完全民间性质的组织，他们的主要职能是执行职业标准，规范同业行为，进行继续教育，代表会员与政府沟通，组织研讨会对行业中新情况进行讨论，为会员提供宣传出版服务等。在美国，最大的直接服务于工程造价管理全过程的组织是国际全面造价管理促进会（AACE-I），与工程造价管理密切相关的组织还有美国建筑师学会（AIA）、美国建筑工程管理联合会（CMAA）、项目管理学会（PMI）、美国职业估价师协会（ASPE）、成本估算与分析协会（SCEA）等。

（二）美国工程造价专业人才的业务范围及职责

美国的多数项目造价管理人员在通过国际全面造价管理促进会（AACE-I）的认可后，被称为认可造价工程师（CCE）或认可造价咨询师（CCC）。根据 ACCE-I 的界定，CCE/CCC 在建筑市场中所提供的服务主要包括合同文本服务、行政控制管理等多项专业工作。

（三）美国工程造价专业人才的认证制度及培养模式

1. 美国工程造价专业人才的认证制度

在美国，通常不对工程咨询机构的资质进行认证，而注重对执业人员的资格认证。AACE-I 是独立的行业协会，在 78 个国家和 70 个地区均有会员。该协会下设有技术局、认证局及教育局等。在当今激烈的社会竞争中，熟练地掌握并运用全面质量管理原则已经成为所有商家和厂商关注的焦点。AACE-I 的资格认证表明某人具有某一行业最新的知识和技能。它为那些能胜任特定工作，具有最新技能，且有丰富的经验知识来应用这些技能的人提供了一种能力保证，在个人的今后职业生涯中有不可忽视的作用。

2. 美国工程造价专业人才的培养模式

（1）美国高校工程造价专业人才的培养模式

关于美国建筑工程管理本科教育，有一些院校和综合性大学提供造价工程的相关课程，他们目前还没有提供造价工程专业的本科学位；另有一些大型的综合大学提供一些和造价工程的技能有关的课程。一般来说，这些课程都是工程管理专业高年级的课程或选修课程。

（2）美国造价工程师的继续教育制度

AACE-I 为了保证取得 CCC/CCE 资格的人员能够跟上各自领域的发展，因此出台了重新认定制度，其目的类似于前文中提到的以英国为代表的工料测量师体系中的持续职业发展。

三、国内工程造价专业人才与国外工程造价专业人才比较启示

（一）工程造价专业人才管理体制的比较

英国形成了一套由政府、行业协会和市场三方共同作用的较为完善的管理体系：政府对工料测量师的管理以宏观调控为主；协会实行高度自律，负责对从业人员进行职业资格认可、注册、行为监督和管理等；市场根据其市场经济的规律，对从业人员实行优胜劣汰。美国工程造价专业人才的管理是政府宏观调控，行业高度自律。我国对工程造价专业人才的主要管理主体是政府，协会的作用较小。

对比后发现，我国对工程造价专业人才的管理过于依赖政府的作用，为了工程造价专业人才能够适时满足行业发展和业主需求，应构建以政府、协会和市场三方一体的工程造价专业人才管理体系。

（二）工程造价专业人才的规模比较

对比我国工程造价专业人才规模和英国工料测量师规模，发现在建筑市场大背景下，我国工程造价专业人数规模明显大于英国规模。但从近些年英国建筑业发展和工料测量师数量变化，可以很明显地看出，建筑市场对专业人才数量的影响较大，当建筑市场需求量大时，工料测量师的数量就多，当建筑市场不景气，需求量小时，工料测量师的数量就

会相应减少。而我国市场对专业人才规模影响相对较小，主要是政府和行业协会进行规范和约束，真正的市场供给和需求的相互匹配问题依然存在。

（三）工程造价专业人才的业务范围和职责比较

各国对工程造价专业人才的定义不同，导致工程造价专业人才的业务范围和职责有一定程度的不同。为更详细地了解业务范围不同，给我国工程造价专业人员职能和能力的改进提供帮助，绘制表1-1以分析各国工程造价专业人才业务范围及职责对比。

各国工程造价专业人才业务范围及职责对比表　　　　　　　表1-1

我国造价工程师	英国工料测量师	美国造价工程师
（1）建设项目建议书、可行性研究投资估算的编制和审核，项目经济评价，工程概、预、结算、竣工结（决）算的编制和审核； （2）工程量清单、标底（或者控制价）、投标报价的编制和审核，工程合同价款的签订及变更、调整、工程款支付与工程索赔费用的计算； （3）建设项目管理过程中设计方案的优化、限额设计等工程造价分析与控制，工程保险理赔的核查； （4）工程经济纠纷的鉴定	（1）提出最适合的项目实施方式，选择、组织和评价投标书以及合同管理； （2）规划、估价和控制费用，评价设计方案，做可行性研究； （3）提出费用控制基准和做预算； （4）提出项目周期费用； （5）进行成本效益分析； （6）将复杂项目分解为易于管理的类型； （7）说明和计量施工有关的工作； （8）制定合同条件，比如工程量表，但不局限于此； （9）确定完成的施工工程量的价值，在施工过程中实施费用控制，确定变更的可能和可能变更引起的造价变化； （10）提出现金流量预测； （11）安排资源供应时间表； （12）编制计划和施工工作的进度计划，应用网络分析技术； （13）为项目投保进行估价，就保险索赔提出意见； （14）分包合同管理； （15）项目最终结算	（1）建筑合同文本的服务／多种语言的造价估算服务； （2）行政控制管理； （3）建筑领域中项目控制和工程咨询； （4）建筑行业中高质量的工料测量／商务管理服务； （5）工程造价估算服务； （6）工程建设管理服务，造价估算服务，工程建设监管、进度计划、价值工程、索赔等； （7）资金项目管理； （8）企业项目管理系统，计算机化管理系统，资产管理，风险和索赔管理、相关的系统集成和管理； （9）提供本国国家造价数据，估算服务／审计，培训活动，价值工程，索赔，程序支持，标杆管理，项目程序，专业的外部资源，以及PM/CM服务； （10）全方位的工程咨询服务

分析表 1-1 可以发现，三个国家的造价专业人才所从事的工作大部分相同，但涵盖范畴仍有一定区别。我国造价工程师主要是承担合同管理、经济概预算及评估等管理方面的工作；英国工料测量师注重从管理科学的角度，利用管理和专业技能提升项目价值；美国的造价工程师则注重运用工程技术手段实现造价的预算和控制。我国造价工程师虽然与英国的工料测量师业务范畴较为贴近，但距离先进的执业资格还有一段距离，一方面我国造价工程师的业务范围相对较窄，另一方面目前我国工程造价专业人才的综合职业能力与岗位需求差距很大，不能满足岗位要求。因此，为使我国专业人才能够与国际接轨，取得更多的国外市场份额，我国急需大量具有一定专业基础理论知识、熟练掌握全过程造价控制与管理、前期投融资决策、风险管理、价值管理、投资战略规划、信息化等高端管理领域的专业人才，也就是说我国工程造价专业人才的工作职能亟待转变，进一步拓展业务范围，使得我国工程造价行业更好地走向世界。

（四）工程造价专业人才的认证制度及培养模式比较

1. 工程造价专业人才的认证制度比较

工程造价起源较早的英国，工料测量专业本科毕业生（含硕士、博士学位获得者）以及经过专业知识考试合格的人员要成为工料测量师，就要通过皇家测量师学会组织的专业工作能力的考核（APC），即在 2 年以上的工作实践中掌握学会规定的几项专业能力并积累丰富的工作经验，考核合格后，获得皇家测量师学会的合格证书后成为学会会员（MRICS）并具备特许工料测量师资格。美国的 AACE-I 提供认证造价工程师和认证造价咨询师两种认证方法，两者的区别仅在于学历背景和工作经验的差异。我国内地对工程造价人员的管理，在 1996 年以前并未实行注册造价工程师制度，而是实行由各省、市、自治区分别制定的概预算人员持证上岗制度 ❶。但在 1996 年以后，我国出台的一系列法律法规使得对造价工程师的执业资格的管理不断完善。对比发现虽然三个国家对专业人才的教育背景和工作经验都做了规定，但我国现阶段工程造价执业资格考试制度在考试管理制度、报考资格、考试形式等方面的约束过于单调，与国外先进的多样化方式和会员等级等应对不同人群的造价工程师认证制度还有一定的差距 ❷。

2. 工程造价专业人才的培养模式比较

（1）高校对工程造价专业人才的培养比较

英国的大学被授予了相当大的办学自主权，它们可以自己决定其专业名称和学制年限，在专业设置和管理模式上强调自身特点。在美国至今还没有高校授予本科毕业生"工程造价"学士学位，但是几乎所有的规模较大的高校都开设工程造价技术所需要的相关的工程、建筑技术或是商务等方面的课程。我国造价工程师的学历教育主要依赖于工程造价专业，我国工程造价专业是以造价工程师执业资格制度的建立为契机从 20 世纪 90 年代末期才大规模发展起来的。这些院校多是培养地方性的应用型的人才，培养的目标也多为工程造价从业人员。

（2）各国工程造价专业人士继续教育情况对比

在我国，继续教育既是造价工程师的权利也是义务，作为合格的造价工程师就要接受相关知识的继续教育，并且继续教育是造价工程师注册的重要条件，这也是国家相关部门及行业协会对造价工程师进行管理的一种有效手段。英国的继续教育被称作 CPD，CPD 既可以在课堂中进行正式的学习，也可以在工作中进行业余学习，它们共同点是学习都是有计划的，它专注于个人的专业能力，同时还注重"发展"。美国的

---

❶ 尹贻林，严玲. 工程造价概论 [M]. 北京：人民交通出版社，2009.

❷ 孙春玲等. 造价工程师执业资格考试制度研究 [J]. 项目管理技术，2012/10（2）:45-49.

继续教育被看作是重新认证的一种方式，专业人士可以通过参加学会认可的大学、学院、在线教育或继续教育机构开展的继续教育课程进行继续教育，参加该项活动每 10 个小时可获得 1 个积分。

对各国工程造价专业人才继续教育制度的对比后发现虽然我国在《造价工程师继续教育实施办法》中对继续教育的内容、方式、学时等作出了相应的规定，但仍然缺乏系统性和针对性，很难保证造价工程师能够根据形势的变化及时更新自己的知识结构和能力标准，以适应工程造价领域不断出现的新技术和新方法。

第三节　我国工程造价专业人才与国内相关专业人才的对比分析

一、建造师及监理工程师的人才发展及管理现状

（一）建造师的发展状况

执业资格制度是市场经济国家对专业技术人员管理的通用准则。2002 年 12 月 5 日，《建造师执业资格制度暂行规定》的颁布，明确了："国家对建设工程项目总承包和施工管理关键岗位的专业技术人员实行执业资格制度，纳入全国专业技术人员执业制度统一规划"，标志着我国建造师执业资格制度的正式建立。2008 年 2 月 27 日建造师执业资格制度正式取代运行 10 多年的建筑业项目经理资质行政审批管理制度[1]。

1. 我国对建造师的管理及保障

对于建造师的管理，中国实行的是政府主导、建造师协会辅助监督和指导的管理体系（图 1-8）。执业人员的资格选拔、执业管理、继

---

[1]　李强. 我国建造师执业资格制度的研究 [D]. 西安建筑科技大学，2009.

续教育等具体工作也都是委托具有行政职能的事业单位完成的。条块划分清晰，管理体系完善，如果各环节监管到位，将极大提升建筑工程项目管理水平 ❶。

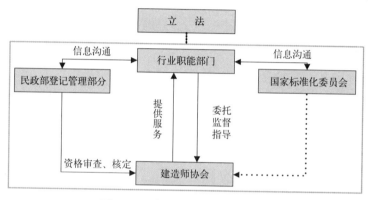

图 1-8　建造师组织结构关系图

建设部从 1994 年开始研究建立建造师执业资格制度，随后的十几年里国家制定多个相关法律法规，对建造师进行管理。有关建造师管理法律法规发展历程如图 1-9 所示。

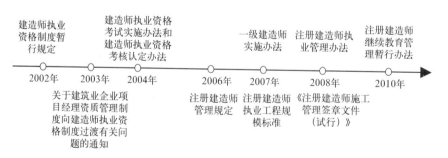

图 1-9　建造师执业资格制度文件体系

---

❶　陈生辉. 基于信用评价的注册建造师执业管理研究 [D]. 西安建筑科技大学，2012.

从时间图表上可以看到，为建立和完善建造师执业资格制度，国家相继出台了各项配套措施，建造师执业资格制度仍处于完善的过程。

2. 我国建造师人员规模发展

（1）一级建造师

2004 年我国正式开始建造师执业资格考试，为了清晰地看出一级建造师的执业人数情况，现对近 5 年的一级建造师的注册数量通过表1-2、图 1-10 进行统计分析。

2010～2014年一级建造师注册数量统计表（单位：人）　　　　表1-2

年份	2010	2011	2012	2013	2014
每年新增数量	30679	42793	34246	50663	23404
历年累计总量	191105	233898	268144	318807	342211

注：数据来源：住房和城乡建设部www.mohurd.gov.cn；
　　中国建造师网www.coc.gov.cn。

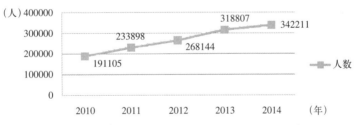

图 1-10　一级建造师注册量统计图（单位：人）

数据来源：住房和城乡建设部 www.mohurd.gov.cn
中国建造师网 www.coc.gov.cn

通过表 1-2 及图 1-11 发现，我国一级建造师随着建筑业的不断发展，呈现较快速度的增长。仅仅五年，初始注册一级建造师数量由 2010 年的 19 万多，增加到了 2014 年的 34 万多，翻了将近两倍的量。一方面这是建筑业飞速发展的效用，另一方面建筑市场执业越来越规范。

（2）二级建造师

二级建造师也是从事建设活动的一种专业人才，截止到 2014 年 11 月我国二级建造师人数达到 1376148 人，为了解二级建造师的区域分布情况，现对 2014 年的二级建造师的人数区域分布进行统计，如图 1-11 所示。

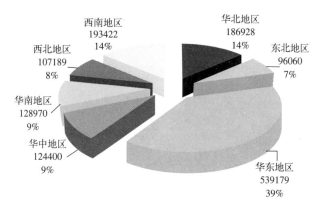

图 1-11　二级注册建造师地区及比例分布图

数据来源：住房和城乡建设部 www.mohurd.gov.cn

注：①东北 3 省：吉林、黑龙江、辽宁；
　　②华北 5 省：北京、天津、河北、山西、内蒙古；
　　③华东 7 省：上海、江苏、浙江、福建、山东、安徽、江西；
　　④华中 3 省：湖北、湖南、河南；
　　⑤华南 3 省：广东、海南、广西；
　　⑥西北 4 省：陕西、甘肃、宁夏、新疆；
　　⑦西南 6 省：四川、重庆、贵州、云南、西藏、青海

图 1-11 显示，经济发达的华东地区的二级建造师人数达到 539179 人，占全国的 39%，东北地区的人数最少，为 96060 人，也就是说华东地区二级建造师人数是东北地区的 5.6 倍。西北地区二级建造师人数也较少，占全国的 8% 左右，其他地区人数分布较均匀。

3. 我国建造师业务范围和职责

我国建造师执业资格制度设一级建造师和二级建造师，一级建造师

设 10 个专业（原有 14 个专业）、二级建造师设 6 个专业（原有 12 个专业）。我国建造师必须注册在一家有资质的企业，方可以注册建造师名义执业，且规定一级注册建造师可以担任特级、一级建筑业企业资质的建设工程项目施工的项目经理；二级注册建造师可以担任二级建筑业企业资质的建设工程项目施工的项目经理。大中型工程项目的项目经理必须由取得建造师执业资格的人员担任。《建造师执业资格制度暂行规定》（人发 [2002]111 号）对建造师的执业范围进行了规定："①担任建设工程项目施工的项目经理；②从事其他施工活动的管理工作；③法律、行政法规或国务院建设行政主管部门规定的其他业务。"

4. 我国建造师认证制度及培养模式

（1）我国建造师的考试制度

1）一级建造师。《建造师执业资格制度暂行规定》（人发 [2002]111 号）规定："一级建造师执业资格实行统一大纲、统一命题、统一组织的考试制度，由人事部、住建部共同组织实施，原则上每年举行一次考试。人事部负责审定一级建造师执业资格考试科目、考试大纲和考试试题，组织实施考务工作；会同住建部对考试考务工作进行检查、监督、指导和确定合格标准。一级建造师执业资格考试，分综合知识与能力和专业知识与能力两个部分。其中，专业知识与能力部分的考试，按照建设工程的专业要求进行，具体专业划分由住建部另行规定。"

2）二级建造师。《建造师执业资格制度暂行规定》（人发 [2002]111 号）规定："二级建造师执业资格实行全国统一大纲，各省、自治区、直辖市命题并组织考试的制度。住房和城乡建设部负责拟定二级建造师执业资格考试大纲，人事部负责审定考试大纲。各省、自治区、直辖市人事厅（局），建设厅（委）按照国家确定的考试大纲和有关规定，在本地区组织实施二级建造师执业资格考试。凡遵纪守法并具备工程类或工程经济类中等专科以上学历并从事建设工程项目施工管理工作满2年，可报名参加二级建造师执业资格考试。二级建造师执业资格考试合格者，由省、自治区、直辖市人事部门颁发由人事部、住建部统一格式的《中华人民共和国二级建造师执业资格证书》，该证书在所在行政区域内有效"。

（2）建造师的注册制度

通过考试或者考核认定的方式取得建造师执业资格证书，仅仅是具备了成为建造师的基本条件，建造师必须经过严格的注册程序才能取得建造师执业资格注册证书和执业印章。注册申请包括初始注册、延续注册、变更注册、增项注册、注销注册和重新注册。专业人员取得一级建造师执业资格证书后，必须在一个拥有建筑业相关资质的企业注册，经过个人申报、企业核准、省级受理和初审、相关部委审核、住房和城乡建设部审批等严格的注册程序，取得一级建造师执业资格注册证书和执业印章，才能以注册建造师名义执业，享有注册建造师的权利，履行义务，可以在全国范围内担任大中小型各类建设工程项目的项目经理，从事相关执业活动。二级建造师的注册程序同一级建造师略有不同，他的注册审批机关为省级的建设行政主管部门，取得二级建造师执业资格注册证书和执业印章的，可以在本省范围内担任中小型建设工程项目的项目经理，从事相关执业活动。

（3）我国建造师的培养模式

1）我国高校对建造师的培养。我国许多工科类学校设置建筑工程和土木工程专业，核心课程：土木工程概论、建筑工程识图、建筑材料、工程测量、房屋建筑学、工程力学、工程结构、工程造价、工程项目管理、经济法、会计学原理、工程经济学、建筑施工组织设计、建筑工程合同、物业设备设施管理、建筑施工、CAD绘图、高层建筑施工、基础工程、工程监理。

2）继续教育。《注册建造师管理规定》（建设部第 153 号令）第二十三条规定："注册建造师在每一个注册有效期内应当达到国务院建设主管部门规定的继续教育要求。继续教育分为必修课和选修课，在每一注册有效期内各为 60 学时。经继续教育达到合格标准的，颁发继续教育合格证书。继续教育的具体要求由国务院建设主管部门会同国务院有关部门另行规定。"

为了对建造师的继续教育进行更进一步的管理和约束，有关部门根据《注册建造师管理规定》颁布《注册建造师继续教育管理暂行办法》（建市 [2010]192 号）。

（二）监理工程师的发展状况

建设工程监理是我国建筑业和基本建设管理体制改革发展的产物，国外没有与建设工程监理完全一致的概念[1]。建设部和国家计委于 1995 年颁布的《工程建设监理规定》中指出：工程建设监理是指监理单位受项目法人的委托，依据国家批准的工程项目建设文件、有关工程建设的法律、法规和工程建设监理合同及其他工程建设合同，对工程建设实施的监督管理。在《中华人民共和国建筑法》明确规定：建筑工程监理应当依照法律、行政法规及有关的技术标准、设计文件和建筑工程承包合同，对承包单位在施工质量、建设工期和建设资金使用等方面，代表建设单位实施监督。可以认为，建设工程监理制度是在项目法人与承包商之间引入了建设监理单位作为中介服务的第三方，项目法人与承包商、项目法人与监理单位之间形成了以经济合同为纽带，以提高工程质量和建设水平为目的的相互制约、相互协作、相互促进的一种新的建设项目管理运行体制。

---

[1] 王珂，孙占国 . 建设工程项目管理与建设工程监理关系初探 [J]. 项目管理，2006（6）:18-20.

我国监理工程师自鲁布革水电站建设项目后得到蓬勃发展，1988年建设部印发的《关于开展建设监理工作的通知》为标志，我国的建设工程监理行业正式开始❶。其先后经历了 1988～1992 年的试点阶段、1993～1995 年的区域推行阶段、1996 年之后的全面推行阶段。

1. 我国对监理工程师的管理及保障

（1）国家对监理工程师的管理

建设监理制从产生至今发展已有 27 年的历史，国家有一套较为成熟和完善的法律法规系统与之相配套，包括：《中华人民共和国招标投标法》、《中华人民共和国合同法》、《中华人民共和国建筑法》、《建设工程质量管理条例》、《建设工程安全生产管理条例》、《建设工程监理与相关服务收费管理规定》、《建设工程监理合同（示范文本）》、《标准施工招标文件》以及《建设工程监理规范》GB/T 50319—2013。特别是在1992 年 6 月，建设部发布了《监理工程师资格考试和注册试行办法》（建设部第 18 号令），2005 年 12 月 31 日经建设部第 83 次常务会议讨论通过《注册监理工程师管理规定》（建设部令第 147 号）强化了国家对注册监理工程师的管理。

（2）行业协会对监理工程师的管理

中国工程建设监理协会（后称"监理协会"）主要工作职责包括组织研究工程建设监理的理论、方针、政策；维护行业的社会形象和会员的合法权益；制定工程监理企业及监理人员的职业行为准则，开展行业自律活动；组织编制工程监理工作标准、规范和规程；协助会员开拓国内外监理业务；宣传工程建设监理事业；举办与监理业务相关的培训；开展国内外信息交流活动，为会员提供信息服务；开展工程建设监理业

---

❶ 文聪聪. 重庆市工程监理行业发展策略研究 [D]. 重庆：重庆大学，2012.

务的调查研究工作，协助建设部制定建设监理法规和行业发展规划；完成住房和城乡建设部委托的有关建设工程监理行业方面的工作等多项业务❶。监理协会在 2014 年发布了《建设监理行业自律公约（试行）》（中建监协 001 号）对监理行业进一步进行管理。

总的说来，行业协会形同政府主管部门的附属机构，职能不清，作用有限，无法独立形成一个行业发展的管理机构，与国际上专业团体的运作机制相差较大，并且行业协会的会员往往以单位为主，而单位的代表往往是其经营管理人员，协会不能成为监理工程师自身的社团组织，难以吸引真正高水平的专业人员参加，使得人才基础受到限制。

2. 监理工程师现有规模

根据中国建设监理协会统计显示，截止到 2015 年初全国注册监理工程师数量达到 157077 人❷，各区域监理工程师具体人数如图 1-12 所示。

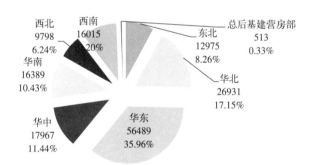

图1-12　2015 年各区域监理工程师人数分布图

从图 1-12 中可以看出我国监理工程师多数分布在经济发展较好的华东、华北、华南等沿海区域，而相对偏远的西北地区专业监理人员数

---

❶　中国工程建设监理协会协会章程。

❷　中国工程建设监理协会工程建立与咨询服务网．http://www.zgjsjl.org.cn/newslist.aspx?cid=3。

量较少。为了能够更加清晰地表现我国监理工程师发展趋势，现对近三年监理工程师数量进行了汇总，具体如图 1-13 所示。

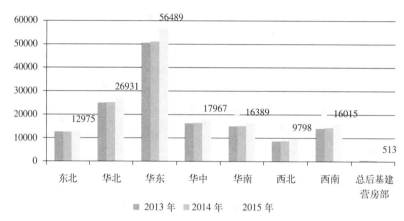

图 1-13　2013 ~ 2015 年各区域监理工程师数量情况图

分析可知，近三年来随着建筑业不断发展，监理工程师的数量也在不断增加，特别是从 2014 ~ 2015 年，全国监理工程师由 144966 增加到 157077 人，共增加 12111 人。从各区域增加总数来看，华东地区增加人数最多，达到 5390 人。由于 2015 年我国经济发展较快，近三年来，2015 年的数量增加幅度最大。

3. 监理工程师业务范围及职责

1995 年，建设部和国家计委联合颁布的《工程建设监理规定》第三章第九条明确指出，工程建设监理的主要内容是控制工程建设的投资、建设工期和工程质量；进行工程建设合同管理，协调有关单位之间的工作关系。因此，建设监理的主要工作内容可以归纳为"三控、两管、一协调"❶。《注册监理工程师管理规定》（建设部令第 147 号）对注册监理

---

❶　王珂，孙占国. 建设工程项目管理与建设工程监理关系初探 [J]. 项目管理，2006（6）:18-20.

工程师的执业内容、权利及义务作出详细规定。

4. 监理工程师的认证制度及培养模式

（1）监理工程师的认证制度

1992 年 6 月，建设部发布了《监理工程师资格考试和注册试行办法》（建设部第 18 号令）（已废止），我国开始实施监理工程师资格考试。1996 年 8 月，建设部、人事部下发了《关于全国监理工程师执业资格考试工作的通知》（建监 [1996]462 号），从 1997 年起，全国正式举行监理工程师执业资格考试。考试工作由建设部、人事部共同负责，日常工作委托建设部建筑监理协会承担，具体考务工作由人事部人事考试中心负责。为了加强对注册监理工程师的管理，维护公共利益和建筑市场秩序，提高工程监理质量与水平，《注册监理工程师管理规定》（建设部令第 147 号）对监理工程师的认证制度进行了详细描述。

（2）监理工程师的培养模式

国际上监理工程师通常由经济工程师担任，经济工程师既懂技术，又懂管理，融技术知识、经济知识于一体。监理工程师的知识结构包括四个方面，即：经济、技术、管理和法律。对于不同层次的人才要求，监理工程师实行多层次教育，专科教育、本科教育以及研究生教育。为了构建各层次工程监理专业人才的知识结构，目前我国工程监理专业人才培养体系确定为：

1）高校正规培养。据统计，我国目前已有包括高职院校在内的近 300 所高校开设工程监理专业，不同高校其学习方向、开设课程等不尽相同，多数院校都以培养掌握建筑监理管理专业实际工作基本能力和基本技能，适应各级房地产、建筑、监理企业事业单位建筑施工生产、管理、第一线需要的，具有良好职业道德的技术型、实用型人才为培养目标。

2）继续教育，以中国建设监理协会和指定高校（以现有住房和城乡建设部指定的注册监理工程师考前培训单位为基础）为依托，开展监理工程师的继续教育。《注册监理工程师管理规定》（建设部令第 147 号）规定：注册监理工程师在每一注册有效期内应当达到国务院建设主管部门规定的继续教育要求。继续教育作为注册监理工程师逾期初始注册、延续注册和重新申请注册的条件之一，而且继续教育分为必修课和选修课，在每一注册有效期内各为 48 学时。

二、注册会计师发展现状

注册会计师行业是高端服务业的重要组成部分，是市场经济监督体系的重要制度安排。经过 20 余年的较快发展，我国注册会计师行业已经成为服务国家经济社会健康快速发展不可或缺的力量，在提高经济信息质量、深化对外开放、规范资本市场发展、引导资源合理配置、维护市场经济秩序等方面作出了重要贡献。

（一）我国注册会计师行业管理

自从我国恢复注册会计师制度以来，通过总结自身经验教训和借鉴国际上注册会计师行业管理体制，经过 20 多年的努力，初步形成了包含法律法规、部门规章、行业自律性规范等内容的多层次、全方位行业管理体制，为我国注册会计师行业健康发展提供保障。

1.政府主管部门对注册会计师的管理

政府监管一方面是通过制定法律法规、建立许可证制度以及各级法院的诉讼机制等方面的举措进行构建；另一方面是主管部门的监管。对于注册会计师的监管，政府主管部门较为复杂。财政部负责注册会计师审计的全面管理；审计机关负责监管国有企业的注册会计师审计质量；证券监管部门则负责具有证券业务资格的注册会计师审计质量。

2. 行业协会对注册会计师的管理 ❶

在对注册会计师行业监管过程中，行业自律的管理职能主要有以下几个方面：第一，要反映行业内部的呼声，维护行业内部的权益，协调包括政府在内的所有关系；第二，进行职业教育，制定行业道德准则；第三，针对其成员的不同需求提供法律援助、职业咨询以及业务指导等服务。协会必须遵循注册会计师行业的集体意志，为注册会计师行业的集体利益提供及时有效的服务。

（二）专业人才现有规模

中国注册会计师协会（后称"中注协"）注册会计师行业管理信息系统显示，截至 2015 年 6 月 30 日，中注协团体会员共有会计师事务所 8331 家，年度检查合格注册会计师达到 100601 人。根据中注协 2014 年度发布的事务所综合评价全国前百家信息，前百家事务所中，业务收入超过 1 亿元的有 46 家，较上年增加 3 家，其中超过 5 亿元的有 15 家，增加 1 家；超过 10 亿元的有 11 家，增加 1 家；超过 20 亿元的有 6 家，增加 1 家 ❷。图 1-14 为我国七大区域年检合格注册会计师人数所占比重情况。

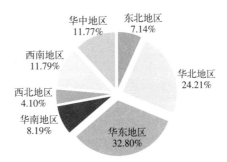

图 1-14　我国七大区域年检合格注册会计师人数所占比重

数据来源：中国注册会计师协会官方网站

---

❶　张馨月.我国政府对注册会计师行业监管问题研究 [D].长春：长春工业大学,2012.

❷　数据来源：中国注册会计师协会官方网站.

由图 1-14 可以看到，就注册会计师数量来看华东地区最多，比重多达 32.80%；华北地区居第二位，所占比重达到 24.21%；西南地区居第三位，所占比重为 11.79%，而其他地区所占比重较低，这从一个方面说明了东部地区工程造价专业人才供应量很大，而中西部地区相对较少。经济较发达的地区比经济较落后地区的注册会计师的人数要多，从另一方面也表现出经济环境对注册会计师人数有较大影响。

（三）我国注册会计师的业务范围和职责

1. 注册会计师行业基础业务

《中华人民共和国注册会计师法》修订稿第三章业务范围和规则中规定注册会计师可以承办的业务包括：审计业务，会计咨询、会计服务业务。

2. 注册会计师行业拓展业务

国务院办公厅转发财政部《关于加快发展我国注册会计师行业的若干意见》（国办发 [2009]56 号），指出要认真落实《中华人民共和国公司法》的规定，确保公司依法接受注册会计师审计。同时，将医院等医疗卫生机构、大中专院校以及基金会等非营利组织的财务报表纳入注册会计师审计范围。不仅如此，国办发 56 号文鼓励注册会计师进入非审计业务市场，培植注册会计师行业新的业务增长点。注册会计师非审计业务拓展可以在鉴证业务、咨询业务、代理业务、企业上市、并购等方面展开，企业社会责任报告的鉴证作为一种新的鉴证业务，是注册会计师非审计业务的拓展对象❶。2010 年 11 月，中国注册会计师协会第五次全国代表大会首次将新业务拓展工作提升为行业发展五大战略之一❷。

---

❶ 林启云.注册会计师非审计服务研究 [M].大连：东北财经大学出版社，2002:1-25.
❷ 吕伶俐等.我国会计师事务所咨询业务发展策略探讨 [J].财务监督，2012，12:61-64.

（四）我国注册会计师的认证制度及培养模式

1. 我国注册会计师的考试制度

改革开放 30 多年中国注册会计师考试制度的发展可分为四个阶段：起步与考核阶段，考核与考试阶段，规范考试发展阶段和趋同提高阶段。

2006 年 2 月 15 日，财政部全面发布了 48 项注册会计师执业准则，实现了注册会计师执业准则质的飞跃。2007 年，成立了考试大纲及辅导教材编审委员会及编写工作组，制定了相关工作规则和修订制度，同年发布实施了《中国注册会计师胜任能力指南》，以全面指导、统领考试大纲和教材的编审、编写工作，保障通过考试的人员符合作为一名注册会计师应当具备的知识和胜任能力要求，做到既有理论分析、又有实务介绍，确保知识的及时更新。2009 年，财政部颁布《注册会计师考试制度改革方案》，其主要内容包括：将注册会计师考试划分为专业阶段和综合阶段，前者侧重基础理论测试，后者侧重实务经验测试，两个阶段考试每年各举行 1 次；专业阶段考试科目从原来的 5 科调整为 6 科，考试科目的有效期依旧为 5 年，并且两个阶段不再开设英文附加题，将注册会计师考试英文附加题制度与英语测试制度进行整合，与有关国家和地区会计职业组织联合举办"英语水平测试"。这期间全面施行了与国际趋同的注册会计师准则，提出了注册会计师发展战略目标及进军国际市场的计划，2009 年成功完成了注册会计师新旧考试制度的完美过渡，使得我国注册会计师考试从此迈入了更具专业性考试阶段，得到了国际很多发达国家和地区的肯定与认可。

2. 注册会计师的注册

2012 年国家有关部门对《中华人民共和国注册会计师法》进行了修订，通过对修订前后对比发现，除了法律语言更加严谨，被撤销注册的专业人才不再具有申请复议的权利，修订稿规定了注册会计师的年龄，这意味着国家对注册会计师执业的约束和管理更加严格，此外，我国财政部还颁布了《注册会计师注册办法》（财政部第 25 号令）更进一步对注册会计师的注册进行了规定。

3. 我国注册会计师的培养模式

（1）高校对会计专业人士的培养

为加强注册会计师行业后备人才的培养，中国注册会计师协会于 1994 年选取了清华大学等 22 所 [1] 高校作为注册会计师专业方向（以下简称"CPA 专业方向"）试点院校。对于试点院校设立的 CPA 专业方向，中注协每年拨款帮助各高校完善专业建设，提高授课教师的科研能力及授课水平，同时为该专业方向的学生提供实习机会，以期他们在毕业后能够进入注册会计师行业。

（2）注册会计师的继续教育

为保持和提升注册会计师的专业素质、执业能力和职业道德水平，加强注册会计师行业人才培养，建立一支在质量和数量上都能够满足我国经济和资本市场发展战略，以及现代企业制度需要的执业队伍，根据《中华人民共和国注册会计师法》、《中国注册会计师协会关于加强行业人才培养工作的指导意见》的有关规定，中国注册会计师协会制定《中国注册会计师继续教育制度》（会协 [2006]63 号）[2]，对我国注册会计师的继续教育制度进行详细阐述，并决定该规范自 2007 年 1 月 1 日开始施行。

---

[1]　2010 年，共有 19 所院校设立了注册会计师专业方向（经中国注册会计师协会认可），分别为：上海财经大学、北京工商大学、中央财经大学、武汉大学、首都经济贸易大学、西南财经大学、暨南大学、中山大学、江西财经大学、安徽财经大学、西安交通大学、上海复旦大学、吉林财经大学、天津财经大学、中南财经政法大学、湖南大学、东北财经大学、辽宁大学及厦门大学（排名不分先后）。

[2]　中华人民共和国注册会计师协会颁布《中国注册会计师继续教育制度》，中国注册会计师协会网站，www.cicpa.org.cn。

我国注册会计师人才发展的战略目标是：按照结构优化、专业精湛、道德良好的要求，在行业人才队伍建设上取得质和量的突破，打造一支职业胜任能力和职业道德水平共同提高的注册会计师队伍。注册会计师高端人才的发展目标为完善我国注册会计师行业人才相关机制，培养行业领军人才、国际化人物、新业务领域复合型业务骨干等高端人才。

三、国内相关专业人才与工程造价专业人才比较启示

（一）专业人才管理体制的比较

分析可知，我国专业人才的管理体制都可以归为政府监督和行业自律，政府和协会对行业的管理主要体现在一系列法律法规的设置上。因此，对专业人才管理体制的比较主要是对法律法规的比较，具体内容见附表1。本报告对注册会计师、注册建造师、注册监理工程师以及工程造价专业人才法律法规的对比主要从综合管理、考试管理、专业人员管理和继续教育管理四个方面进行。比较后发现，注册会计师的管理体制相对较优：一方面我国对注册会计师这一执业资格的认定时间较早，管理体系相对完善；另一方面，政府监管同时，行业协会充分发挥自身管理作用。因此，我国政府有关部门应该建立更加完善的法律法规保障体系加强对造价相关专业人才管理，并提升中价协对工程造价专业人才管理的作用，促进行业健康发展。

（二）专业人才现有规模比较

截至2015年6月，我国经检测合格的注册会计师为100601人；我国一级建造师初始注册人数为342211人，二级建造师初始注册人数为1376148人，其中华东地区人数最多，占全国的39%；注册监理工程师截至目前超过15万人，且东部沿海地区专业人员较多。

造价专业人才与注册会计师比较后发现，虽然注册会计师的执业资

格认证制度较早，但总人数却只有 10 万人左右，仅占一级注册建造师的 1/3 左右，占造价工程师的一半以上，一定程度上说明我国对注册会计师的管理和约束较为严格，注册会计师的含金量较高。与注册建造师比较，一方面执业资格及范围是有等级划分的；另一方面，从总数来看，一级建造师初始注册人数是注册造价工程师人数的 2.4 倍，二级建造师总人数与造价员人数相当，可以看出建造师在规模上可以迅速满足国家需要。相对注册监理工程师的正式考试时间相近，但目前注册专业人员监理工程师人数略多，超过造价工程师一万多。因此，造价专业人才的数量供给和需求匹配问题应当引起重视，避免人员不足或者供给过量。

（三）专业人才的业务范围和职责比较

为了更好地了解工程造价专业人才的职能是否满足市场需求，现对注册会计师、注册建造师以及工程造价专业人才的执业范围进行比较，具体内容如附表 2 所示。分析可知，注册会计师的业务范围相对较广，而且国家法律法规对业务的描述也较为准确严谨。现阶段我国对造价专业人才的执业范围并不仅仅局限于基础业务，随着市场的不断发展和业主要求，专业人才需要掌握更多的职业技能，拓展自己的业务能力以使专业人才能够满足市场需求。

（四）专业人才认证制度及培养模式比较

1. 专业人才的考试制度比较

我国对专业人才的认证主要是通过考试来进行，为充分了解工程造价专业人才的认证，现对注册会计师、注册建造师及工程造价专业人才的考试制度进行对比分析，具体见附表 3 所示。分析可知，首先，注册建造师、注册监理工程师和工程造价专业人才都是全国统一大纲，且每年举行一次考试，注册会计师的考试大纲是划分区域，并且是分两个阶段进行的，考生在通过第一阶段的全部考试科目后，才能参加第二阶段的考试；然后，除造价员和二级建造师外，其他各专业人才的教材编写及命题工作都由国家相关部门统一进行；其次，在考试科目上造价专业人才的考试和注册建造师的考试都会按照实际情况划分专业，而注册会计师是分阶段，不同阶段的侧重点有所不同，这样的测试是认真总结和继承中国注册会计师考试的基本经验，充分借鉴有关国家和地区会计职业组织的成功做法的结果，通过比较、分析、提炼、吸收，科学改革考试制度，能够更好地发挥注册会计师考试在行业人才建设中的导向作用；再次，相对注册会计师的考试资格，造价专业人才、注册建造师及注册监理工程师的更为严格，对学历和工作经验的要求更加具体；最后，造价员和二级建造师执业资格证书的使用受地域限制，而由于注册会计师考试制度分阶段的特殊性，取得注册会计师执业资格证书更为困难，不仅在成绩年限上受到限制，而且如果第一阶段的考试没有通过则没有资格参加第二阶段的考试，更不可能取得全科合格证。

总之，相比其他专业人才，我国造价专业人才的考试制度还存在一定程度的缺陷。因此，我们需要提升考试理念、充实考试内容、完善考试方式，建立起符合终身学习理念和充分体现胜任能力评价要求的考试制度，促进中国造价专业人才胜任能力和执业水平的提高。

2. 专业人才注册情况比较

为了解我国造价工程师的注册的优势和缺点，现对造价工程师、注册建筑师以及注册会计师的注册进行详细对比，见附表4。比较后发现，四种专业人才的注册条件的共同点是都要通过各自的执业资格，考虑工作经验，特别是注册建造师注册时应该得到单位的认可。不同点包括三个方面：第一，注册条件方面。注册会计师、注册监理工程师和造价工程师更加严格，其对完全民事行为能力及受处罚的经历都有要求，注册造价工程师更加看重注册申请人的注册经历和继续教育经历；第二，造价工程师不采用注销注册这一规定，注册建造师、注册监理工程师和注册会计师对不具有完全民事行为能力、受刑事处罚以及脱离专业工作岗位一定时间的已注册人员注销原有注册，注册监理工程师和注册会计师对年龄还有严格限制，另外，注册监理工程师的注册证书还与聘用单位营业情况有关，如果单位被吊销营业执照或破产，其注册证书和执业印章失效导致注册注销；第三，造价工程师、注册建造师和注册监理工程师的发证机关是政府主管部门，注册会计师的发证机关是注册会计师协会颁发。

3. 专业人才培养模式比较

（1）专业人才的高校培养对比

在高校培养方面，现在有很多工科类学校设置土木工程、工程监理和工程造价专业，但会计专业的设置更有利于行业发展。一方面，为加强注册会计师行业后备人才的培养，中注协选取试点院校，并每年拨款帮助各高校完善专业建设，提高授课教师的科研能力及授课水平，同时为该专业方向的学生提供实习机会，以期他们在毕业后能够进入注册会计师行业；另一方面，注册会计师在课程设置上不仅注重理论能力的培养，还重视学生实践活动的能力培养，培养学生的国际化视野，使学生在毕业后能够胜任会计、审计工作。因此，我国在对工程造价专业人才培养上要选取重点培养对象，加大教学软件和硬件支持，更要注意工程造价专业人才的理论与实践相结合的培养模式，使得工程造价后备军在踏入社会后，更加快速地适应专业工作。

（2）专业人才的继续教育情况对比

继续教育既是造价工程师的权利也是义务，作为合格的造价工程师就要接受相关知识的继续教育，并且继续教育是造价工程师注册的重要条件，这也是国家相关部门及行业协会对造价工程师进行管理的一种有效手段。和造价工程师一样，注册建造师在每一个注册有效期内应当达到国务院建设主管部门规定的继续教育要求，继续教育分为必修课和选修课，在每一注册有效期内各为60学时，继续教育达到合格标准的，颁发继续教育合格证书。注册监理工程师有相似的要求，其继续教育在每一注册有效期内为48学时。注册会计师为保持和提升注册会计师的专业素质、执业能力和职业道德水平，加强注册会计师行业人才培养，建立一支在质量和数量上都能够满足我国经济和资本市场发展战略，以及现代企业制度需要的执业队伍，中国注册会计师协会制定《中国注册会计师继续教育制度》，专门对注册会计师的继续教育问题进行强制规定。

另外，通过比较发现，工程造价专业人才和会计行业专业人才的特点具有以下共同点：一是两种行业专业人才资格获取均是通过资格考试；二是两种行业专业人才资质主要分为两类，其中工程造价专业人才主要分为造价员与造价工程师两种，会计行业专业人员主要分为普通会计从业人员和会计师两种；三是面临经济社会发展对两种行业专业人才均提出更高要求，使得行业人才执业范围要向新的业务领域拓宽，以满足行业多元化发展的需要。但与注册工程师、监理工程师和建造师不同的是，除了对专业人士进行高校培养和继续教育以外，注册会计师行业为全面提升注册会计师从业队伍专业素质、执业能力和职业道德水平，中注协于2005年11月举办了注册会计师行业英语及综合能力测试，选拔了首批行业领军人才培训班学员，并已开始实施系统培训，并且拟自2006年起将"注册会计师行业英语及综合能力测试"更名为"注册会计师行业领军人才后备队伍选拔测试"。另外，会计行业通过建立健全监督考核体系，加强高端人才培养，推广和创新行业领军人才培养模式，鼓励地方开展高端人才培养工程，建立梯次化行业人才培养体系。同时，行业通过完善自身的培养机制，逐步形成以行业领军人物和国际化人才培养为重点，以继续教育为基础，以行业后备人才培养为重要补充，构建起分阶段、分层次、点面结合、自主培养与联合培养相结合的人才培养机制，这就在一定程度上激发了专业人才的工作积极性，便于专业人才的职业规划。

第二章 我国工程造价专业人才培养与发展的环境分析

人才战略是将战略应用于人才管理衍生出的产物，人才战略本身应具有自我调整能力，以便随时应对矛盾，战略的制定应考虑在动态环境中寻求人才资源配置与区域或组织发展战略目标间的相对平衡，即满足区域或者组织对人才的需求。而且战略管理包含环境分析、战略制定、战略实施和战略评估四个阶段，而PEST分析法是国际上通用的战略环境分析模型。它通过政治（Politics）、经济（Economic）、社会（Society）和技术（Technology）四个方面的因素分析从总体上把握宏观环境，并评价这些因素对战略目标和战略制定的影响。当外部环境发生变化，专业人才的培养与发展战略就要随之作出调整，使得工程造价专业人才培养与发展充分利用自身优势，改进劣势，不断完善战略促进行业长足发展。本部分内容就是利用PEST分析法从各个方面比较好地把握宏观环境的现状及变化的趋势，对行业生存发展的机会加以利用，对环境可能带来的威胁能及早地发现避开，总体来说就是放眼世界、防患未然。

第一节 我国传统工程造价专业人才培养模式对行业的推动作用

自我国建立工程造价专业人才制度以来，为了适应工程造价咨询及相关行业发展需要，国家和行业协会不断对专业人才的培养与发展进行改革和完善。目前我国通过学历教育、专业认证及继续教育的方式对工程造价专业人才进行培养和管理：（1）在高校开设工程造价专业对专业人才展开正规的学历教育，多数学校致力于培养适应工程建设需要，具备良好职业素养的应用型人才；（2）行业协会通过造价工程师执业资格考试和造价员考试对我国工程造价专业人才进行认证，一定程度上规范了工程造价咨询行业的人才的知识结构、工作能力以及职业素养；（3）继续教育是行业协会对专业人才管理的另一有效手段，符合要求的专业人才才能在行业得到更好的发展。经过我国传统培养模式培养的工程造价专业人才基本实现了工程造价专业人才的人力资本价值，完成技术型人才的培养目标。

国家的政治、经济、社会和技术环境影响我国造价咨询企业的业务情况。（1）政治环境。国家通过一系列包括继续教育和职业资格考评等教育政策和改革，强调市场经济体制下"人才资源"的建设。中国建设工程造价管理协会的成立以及国家清理整顿和脱钩改制的要求，致力于对工程造价咨询企业及工程造价专业人才规范化管理。（2）经济环境。为迅速摆脱东南亚金融危机的影响，拉动社会发展并扩大内需，我国政府采取积极的财政政策经济，每年投入较多的资金进行基本建设、更新改造等经济类型的固定资产投资，使我国经济一直保持较高的增长速度，这一时期我国处于相对粗放型经济发展阶段。（3）社会环境。一方面我国经济发展带动国家的城镇化进程，给我国咨询企业带来大量业务，推动行业发展；另一方面我国建筑市场逐步建立起的优胜劣汰的竞争机制，面对社会化大生产的要求以及开拓行业全方位多层次的市场使得我国工程造价咨询企业出现了层次划分。（4）技术环境。工程量清单计价规范的出现使得我国工程造价咨询企业的计价依据实现从定额计价指令性变成市场价格为主的定额计价指导性。而且广联达、斯维尔等一系列计量计价软件随着信息技术迅猛发展开始出现，工程造价咨询企业基本实现计量计价业务的电算化。这一时期我国工程造价咨询企业的业务主要通过计算工程量确定投资数额反映项目的经济价值，因此该时期工程造价专业人才实行技术主导的模式，专业人才主要从事以计量计价为主的劳动密集型的工作。因此我国传统的工程造价专业人才培养模式通过培养专业人才基础计量计价、法律法规等知识为我国提供了大量基础性专业人才，满足过去 20 年里行业对技术型人才的需求，为推动行业发展发挥了巨大作用。

然而我国宏观环境不断变化，原有的工程造价专业人才的业务范围已经不能与外部环境进行匹配，政治环境下我国对工程造价咨询企业实行行政化管理，缺乏效率；经济环境下近些年经济投资规模逐渐降低，工程造价管理逐步走向精细化管理；社会环境下对工程造价咨询行业发展趋势的认识还不清晰，对专业人才的培养主体多是以培养基础能力为主的大专和本科院校，专业人才学历水平较低；技术环境下虽然目前我国咨询企业多采用计算机进行计量计价，但许多其他工程造价咨询业务仍需大量人工完成。我国工程造价咨询企业各类业务收入占比情况如图2-1 所示。

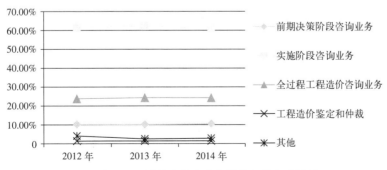

图 2-1 我国工程造价咨询企业各类业务收入占比情况

由图 2-1 可知，近三年来我国工程造价咨询业务收入比例从高到低为实施阶段、全过程工程造价咨询、前期决策阶段、其他、工程造价鉴定和仲裁。但随着我国经济和社会发展，实施阶段造价咨询业务占比逐年降低，而全过程造价前期决策阶段以及工程造价鉴定和仲裁等咨询业务的收入占比逐渐上升，一定程度说明动态宏观环境下的工程造价咨询企业业务逐步向项目前期及项目全过程、全寿命周期转变，企业应该为委托方在建设投资等经济领域提供项目增值服务，影响项目设计和施工的过程。因此，我国宏观环境的动态变化影响我国对工程造价专业人才的需求。

第二节　我国工程造价专业人才培养与发展的政治环境变化

一、我国"一带一路"战略构想对工程造价专业人才的影响

以习近平同志为总书记的党中央分别在 2013 年 9 月和 10 月提出建设"新丝绸之路经济带"和"21 世纪海上丝绸之路"的战略构想，强调相关各国要打造互利共赢的"利益共同体"和共同发展繁荣的"命运共同体"。"一带一路"使我国的古丝绸之路焕发了新的生机，也为"海洋经济"注入了新的活力；同时，"一带一路"国家战略也为我国各产业的发展带来了全新的机遇，其中尤其对我国工程造价行业海外市场的拓展产生了影响。一方面据中国经济网了解，"一带一路"沿线大多是新兴经济体和发展中国家，总人口约 44 亿，经济总量约 21 万亿美元，分别约占全球的 63% 和 29%。这些国家普遍处于经济发展的上升期，因此深挖我国与沿线国家在工程建设方面的合作潜力，使得我国工程造

价咨询企业及专业人才不再受制于国内整体经济市场发展放缓、产能过剩和竞争等因素的困扰，输出我国的生产和制造能力，加速布局海外市场，是我国工程造价咨询企业及专业人才"走出去"的重要路径。另一方面，随着"一带一路"战略的实施，我国工程造价咨询企业及专业人才将迎来快速发展的时期，严格说来，国际化如同一场赛跑，我国工程造价咨询企业及专业人才相比其他发达国家起跑较晚，因此这给其带来与国际领先水平快速接轨的挑战。

随着中国经济日益深刻地融入全球市场，我国建筑市场国际化趋势更加明显。我国工程项目管理走向世界，取决于项目管理人才素质的高低，其中工程造价专业人才的高素质也尤为关键。

二、我国工程造价管理改革对工程造价专业人才的影响

2014 年，住房和城乡建设部发布了《住房城乡建设部关于进一步推进工程造价管理改革的指导意见》（建标 [2014]142 号，后称《指导意见》）。该《指导意见》明确了 3 个目标：一是控制投资，提高投资效益；二是通过确定科学合理的造价，为工程质量安全保驾护航；三是通过规范的计价规则，保护各方主体经济利益，促进公平竞争。明确要求各级住房城乡建设主管部门加强组织领导，重视造价管理机构建设，做好行业协会培育，抓好造价管理各项改革任务落实。

《指导意见》第十条指出："研究制定工程造价专业人才发展战略，提升专业人才素质。注重造价工程师考试和继续教育的实务操作和专业需求。加强与高校联系，指导工程造价专业学科建设，保证专业人才培养质量。"

可见，为实现工程造价管理改革的总目标，工程造价专业人才发展机遇巨大。

三、我国工程造价专业人才相关法律法规对工程造价专业人才的影响

为指导和促进我国工程造价行业健康发展，国家制定了一系列法律法规，以期规范行业内相关企业和专业人员运营和发展，具体法律法规体系如图 2-2 所示。

- 我国工程造价相关法律法规体系
  - 法律层面
    - 中华人民共和国建筑法
    - 中华人民共和国招标投标法
    - 中华人民共和国合同法
    - 中华人民共和国采购法
    - 中华人民共和国审计法
    - ……
  - 行政法规层面
    - 中华人民共和国招标投标法实施条例
    - 中华人民共和国采购法实施条例
    - 中华人民共和国审计法实施条例
    - ……
  - 部门规章层面
    - 工程造价咨询企业管理办法
    - 注册造价工程师管理办法
    - 建筑安装工程费用项目组成
    - 建设工程价款结算暂行办法
    - 建筑工程施工发包与承包计价管理办法
    - 政府核准投资项目管理办法
    - ……
  - 行业标准层面
    - 基础标准
      - 工程造价术语标准
      - 工程计价设备材料划分标准
      - 工程造价费用构成通则
    - 管理规范
      - 建设工程计价规范
      - 建设工程工程量清单计价规范
      - 建设工程造价咨询规范
      - 建筑工程建筑面积计算规范
      - 建设工程工程量清单计价项目划分规范(多本)
      - 建设工程工程量计算规范（多本）
      - 建设工程工程量计价项目特征描述规则（多本）
    - 操作规程
      - 建设项目竣工决算编审规程
      - 建设工程招标控制价编审规程
      - 建设工程经济纠纷鉴定操作规程
      - 建设项目投资估算编审规程
      - 建设工程设计概算编审规程
      - 建设工程施工图预算编审规程
      - 建设工程结算算编审规程
    - 质量标准
      - 工程造价咨询成果质量标准
      - 工程造价咨询档案管理规范
    - 信息标准
      - 建设工程工程量清单计价数据接口标准
      - 建设工程材料编码标准
      - 建设工程设备编码标准

图 2-2　我国工程造价相关法律法规及行业标准

这些法律法规的出台，不仅可以改善现阶段工程造价咨询行业的现状，也可以为其科学发展营造良好的法制环境。我国工程造价人才应通过各项法律法规和行业相关政策，把握未来我国行业发展方向，为行业发展提供有力保障。

综上所述，我国"一带一路"战略构想、工程造价管理改革以及法律法规方面都对工程造价专业人才的健康发展提供了较好的政治环境。

第三节　我国工程造价专业人才培养与发展的经济环境变化

经济环境是指国民经济发展的总概况，国际和国内经济形式及经济发展趋势，企业所面临的产业环境和竞争环境等，迅猛发展的经济环境有利于工程造价专业人才的培养与发展。

一、经济新常态对工程造价专业人才的影响

随着经济发展环境的不断变化，我国经济社会发展状态逐步向运行机制更加依靠市场自身规律、利益分配更加公平合理、人与自然更加和谐的减速转型的"新常态"转变❶。一方面，经济新常态导致制度环境、经济制度和技术发生变革，进而影响着人才发展的新常态，这三个影响因素相互作用相互影响共同推动我国企业对人才的管理应从粗放、激励制度单一的旧常态逐步过渡到更加精细、激励更加多元的新常态❷。在这样的经济发展环境下，工程造价咨询企业间高层次人才的竞争更加激烈。另一方面，房地产行业由于受到刚性约束和库存销售的压力，投资

---

❶　"大学战略规划与管理"课题组. 大学战略规划与管理 [M]. 北京：高等教育出版社，2007.

❷　管煜武. 地方政府知识产权战略管理研究——以上海为例 [D]. 上海：同济大学，2007.

在经济新常态后逐步放缓,委托人更加重视专业性、独立性及增值服务,因此工程造价专业人才应及时做出业务结构调整。

二、我国固定资产投资与建筑业企业签订合同总额对工程造价专业人才的影响

工程造价行业是为经济建设和工程项目的决策与实施提供全过程咨询服务的专业机构。随着我国市场经济与建筑工程市场的快速发展,工程造价行业的发展越来越受到人们的关注。据统计,近年来我国固定资产投资与建筑业企业签订合同总额具体情况如图 2-3 所示。

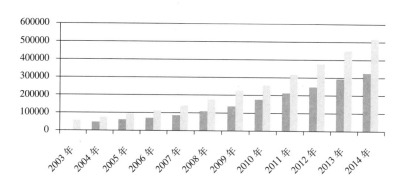

图 2-3　我国固定资产投资与建筑业企业签订合同总额详情图

资料来源:国家统计局官方网站

由图 2-3 所示,随着我国经济发展,国家对固定资产的投入逐渐减缓(其中 2013 年投资同比增长 19.11%,2014 年同比增长 14.89%),建筑业企业签订的合同总额的增加速度也开始放缓。分析可知我国建筑业正逐步由劳动力密集型竞争向资金密集型、高技术型竞争过渡,建筑市场的竞争主体也将集中在专业突出、资本雄厚、管

理先进、技术装备程度高的大型建筑企业之间展开。因此为更好地为我国建筑行业服务，我国工程造价专业人才也应向高技术密集型逐步转变。

表2-1是我国2004～2014年来固定资产投资额与造价工程师数量对比分析表。由表2-1分析可知，近十年来随着我国经济的不断发展，国家固定资产投资额不断增加，增加幅度有所不同，从2004～2008年年增加数额呈现上升趋势，但增长幅度较为平缓，2009～2010年全社会固定资产投资总额受经济危机影响有所波动，2011年年固定资产投资额急剧增加，随后趋于平稳。造价工程师数量也在近十年内不断增加，增加幅度并不稳定，2004～2006年造价工程师年增加数量呈上升趋势，2007～2009年由于经济危机影响年增加数量有所下降，随后经过2012年的波谷年增加数量又开始回升。进一步研究可知，忽略固定投资效用的滞后性，随着我国工程造价专业人才的能力不断增加，在这十年之间我国人均国家固定资产投资额的占有比例不断上升，也可以理解为每增加一亿元的固定资产投资所增加的造价工程师数量不断减少，意味着造价管理技术的进步以及我国工程造价专业人员水平的提高。相关的具体内容本书将在"工程造价专业人才规模目标"章节中进行详细分析。

综上所述，随着我国经济环境的不断变化有必要对现阶段我国工程造价行业专业人才培养与发展战略进行研究，保障国家工程造价行业，甚至是建筑行业健康发展。

全社会固定资产投资额与造价工程师数量对比分析表

表2-1

时间 对比内容	2004 年	2005 年	2006 年	2007 年	2008 年	2009 年	2010 年	2011 年	2012 年	2013 年	2014 年
造价工程师年累计数量（人）	65919	75721	85905	95084	99411	104536	110722	117126	122336	131549	141588
每年新增造价工程师数量（人）	9502	9802	10184	9179	4327	5125	6168	6404	5210	9213	10039
全社会固定资产投资额（亿元）	70477.4	88773.62	109998.2	137323.94	172828.4	224598.77	251683.77	311485.13	374694.74	446294.09	512760.70
每年新增固定投资额（亿元）	14910.79	18296.22	21224.58	27325.74	35504.46	51770.37	27085	59801.36	63209.61	71599.35	66466.61
人均国家固定投资占有额（亿元/人）	1.07	1.17	1.28	1.44	1.74	2.15	2.27	2.66	3.06	3.39	3.62
新增人均固定资产占有额（亿元/人）	1.56	1.87	2.08	2.98	8.21	10.10	4.39	9.33	12.13	7.77	6.62

第四节　我国工程造价专业人才培养与发展的社会环境变化

一、我国去行政化改革对工程造价专业人才的影响

2010 年 7 月 29 日我国颁布了《国家中长期人才发展规划纲要（2010—2020)》（后称《纲要》），《纲要》在改进人才管理方式中提出"要克服人才管理中存在的行政化、'官本位'倾向，取消科研院所、学校、医院等事业单位实际存在的行政级别和行政化管理模式"❶。随后党的十八届三中全会再次提出："加快事业单位分类改革，加大政府购买公共服务力度，推动公办事业单位与主管部门理顺关系和去行政化。"可见，我国事业单位改革是全面深化改革的重要内容，事业单位去行政化是当前改革亟待破解的问题。

随着我国去行政化政策的不断深入，我国工程造价管理协会、企业以及高等院校等单位的工程造价专业人才将受到不同程度的影响。一方面行业协会作为行政的"代言人"促进"市场发挥决定作用"的实现❷，而且去行政化有利于强化协会决策层的创新责任，引导工程造价咨询企业更新观念，改革创新，拓展和提高企业业务；另一方面现阶段我国仍然存在的国有或国有控股企业政企不分的现象，该种企业享受行政级别的同时低价甚至无偿地使用国家土地资源，优先享受国家贷款，垄断或半垄断某些国家资源，不但降低了技术创新效率而且阻碍了市场公平竞争❸，取消国企的行政级别后，我国工程造价咨询企业可以通过公平竞

---

❶ 中央政府门户网站．国家中长期人才发展规划纲要（2010—2020）http://www.gov.cn/jrzg/2010-06/06/ ontent_1621777.htm.

❷ 堂吉伟德．行业协会"去行政化"应有破有立 [N]．新华每日电讯，2015-4-14(3).

❸ 钟荣丙．科技创新亟待"产学研"去行政化 [J]．技术与创新管理，2014，35(5):411-416.

争获得业务，促进造价咨询行业发展。同时，这一改革也影响着我国高校专业人才，在高校内部解除学术权力对行政权力的依附，真正实现学术自由，不仅有助于高校避免资源浪费，提高管理效率，使科研人员专心研究工程造价行业专业知识，了解未来发展方向；而且高校老师有更多的学术自由，激发创新活力，培养具有创新能力的工程造价专业人才。

综上所述，去行政化需要弱化行政审批，国家逐步简政放权，我国政府定位是法治政府和服务型政府，政府职能转变为加强发展战略、规划、政策、标准制定，加强市场监管，提供公共服务，我国应当正确处理政府和社会关系，加快实施政社分开，激发社会组织的活力。2015 年 7 月 23 日和 2016 年 1 月 22 日国务院公布《关于取消一批职业资格许可和认定事项的决定》，旨在简政放权的同时，通过建立科学的国家职业资格体系，促进人才脱颖而出，提升产业和劳动品质。这在一定程度上表现出国家对各专业人才能力更加重视，因此在行政审批不断弱化的社会背景下，我国市场经济主导下的工程造价行业将会逐步放宽对工程造价咨询企业资质要求，转而加强对工程造价专业人才个人资质审核，提升工程造价专业人才的专业能力，这使得我国应当将工程造价专业人才分层计划逐步提上日程，实现不同层级专业人才采用不同层次管理措施，满足不同设计深度、不同复杂工程、不同承包方式的工程项目需求。

二、我国城镇化发展进程对工程造价专业人才的影响

中国城镇化发展进程可以对农村发展提供必要的资金支持，并且不断发展的城镇化将带来大规模的基础设施建设 ❶，在一定程度上也会对

---

❶ 厉以宁.中国城镇化是企业最大投资机会 [EB/OL].http:// news.hexun.com/2012-05-28/141825449.html.

建筑业，甚至是工程造价行业产生不同程度的影响。现根据国家统计局统计城镇及乡村人口数绘制折线图，如图 2-4 所示。

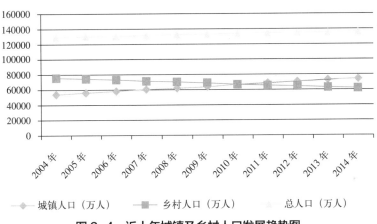

图2-4　近十年城镇及乡村人口发展趋势图

资料来源：国家统计局官方网站

由图 2-4 所示，随着我国社会环境的不断变化，城镇人口逐渐增加，乡村人相对逐渐减少，特别是 2010 年以后，我国城镇人口逐步超越乡村人口，占有我国人口的较大比例。这说明随着国家发展，城镇化的进程带动了基础设施的完善，促进了国家对专业人才培养与发展观念的转变和重视，推进了专业人才培养与发展战略的建立。也就是说，我国城镇人口的变化为工程造价专业人才的发展带来了机遇，适宜的工程造价专业人才的培养与发展对于国家城镇建设在一定程度上具有相当重要的作用。因此，为了工程造价专业人才培养与发展战略的顺利实施，准确了解我国城镇人口数量及趋势也是十分必要的。

三、我国建筑业的转型升级对工程造价专业人才的影响

党的十八大指出调结构、促转型的国民经济发展方向，要求加快

产业结构向高端化转型，发展动力向创新驱动型、增长方式向低碳高效转型，实现转型升级和经济增长协调推进，保持先进发展的良好势头❶。在这样的大背景下，我国建筑业处于转型升级的特殊时期，其主要转型升级的方向包括信息化、现代化、员工职业化、产品绿色化及投资运营一体化。其中建筑业的现代化发展是其从操作上的手工劳动向机械化转变，从施工工艺的简单化向复杂化转变，发展方式从单纯依靠个人经验逐步向依靠科技进步转变，管理方式也从粗放式管理逐步转为集约式管理❷。伴随着这些转变，该行业需要培养一批满足工程建设需要的专业技术人才、复合型人才和高技能人才。工程造价专业人才的工作职能应与建筑业发展趋势保持一致。目前我国工程造价专业人才的综合职业能力与岗位需求差距很大，不能满足岗位要求。在现有社会环境下，今后相当长时间内，随着建设项目需求的转变工程造价专业人才的职业领域应该从传统的算量套价拓展到以工程价款为核心的工程管理，我国急需大量具有一定的专业基础理论知识、熟练掌握各种高端管理领域的专业人才，工程造价专业人才的工作职能亟待转变。

四、我国第三产业发展对工程造价专业人才的影响

第三产业的发展水平和发展质量往往会影响一定区域发展的稳定性、可持续性以及竞争力水平。据统计，我国第三产业的发展情况如表2-2所示。

---

❶ 桑培东，亓爽.基于转型升级期的建筑企业发展方向与途径的研究 [J].工程建设与设计，2015(3):118-120.

❷ 夏侯遐迩，李启明，岳一搏等.推进建筑产业现代化的思考与对策——以江苏省为例 [J].建筑经济，2016，37(2):18-22.

我国第三产业年固定资产投资完成情况　　　　　　　表2-2

内容 时间	第三产业固定资产投资完成额 累计值（亿元）	第三产业固定资产投资完成额 累计增长（%）
2013 年	242482.39	21.00
2014 年	281914.89	16.80
2015 年	311939.31	10.60

注：资料来源：国家统计局官网。

由表 2-2 可知，近些年我国第三产业发展迅猛，呈现递增趋势。研究发现，可以将第三产业的功能划分为三类：一类是为生产服务，包括交通运输、仓储和邮政业，批发和零售业，信息传输、计算机服务和软件业，金融业，租赁和商务服务业等 5 个行业；一类是为民生服务，包括：批发和零售业，住宿和餐饮业，房地产业，居民服务和其他服务业，教育，卫生、社会保障和社会福利业，文化、体育和娱乐业等 6 个行业；最后一类是为可持续服务，包括科学研究、技术服务和地质勘查业，水利、环境和公共设施管理业，公共管理和社会组织，国际组织等 4 个行业❶。由此可以看出我国第三产业的发展需要大量工程造价专业人才的参与，因此我国现阶段的第三产业的发展情况将影响我国工程造价专业人才的发展。一方面迅猛发展的第三产业需要大量工程造价专业人才，未来专业人才应与社会需求相匹配；另一方面第三产业发展需要更多一专多能的专业人才，这也就使得工程造价专业人才不仅需要专业知识扎实的基础性人才，也需要更多具有宏观把控的高层次的一专多能的人才。

五、我国民办高校工程造价专业泛滥对工程造价专业人才的影响

随着我国新型城镇化建设进程的推进，各地造城运动蓬勃发展，由

---

❶ 张海鹏 . 第三产业发展评价指标体系的构建与测度 [J]. 统计与决策，2015(5):62-64.

此催热了社会对工程类技术人才的需求，随之而来的是高校工程造价专业的连续多年招生热，尤其是民办高校出现工程造价专业泛滥的情形。据不完全统计，截止到 2014 年我国大陆地区民办高校中 176 所设置工程造价专业或方向，占民办高校总数的一半以上。为了清晰了解民办高校工程造价专业开设情况，现做统计如表 2-3 所示。

我国大陆民办高校工程造价专业设置情况表 　　　　　　表2-3

地区名称	省份名称	民办高校数量（个）	开设工程造价专业及方向的院校数量（个）	统计	
				开设工程造价专业及方向的院校数量合计（个）	开设工程造价专业及方向民办高校比例
东北3省	吉林	8	3	13	35.14%
	黑龙江	11	7		
	辽宁	18	3		
华北5省	北京	9	4	13	48.15%
	天津	1	0		
	河北	13	8		
	山西	4	1		
	内蒙古	3	2		
华东7省	上海	13	4	70	57.38%
	江苏	20	13		
	浙江	12	4		
	福建	23	17		
	山东	26	19		
	安徽	16	6		
	江西	12	7		
华中3省	湖北	15	8	21	51.22%
	湖南	11	4		
	河南	15	9		

续表

地区名称	省份名称	民办高校数量（个）	开设工程造价专业及方向的院校数量（个）	统计	
				开设工程造价专业及方向的院校数量合计（个）	开设工程造价专业及方向民办高校比例
华南3省	广东	28	12	23	54.76%
	海南	7	6		
	广西	7	5		
西北4省	陕西	13	11	13	81.25%
	甘肃	0	0		
	宁夏	2	1		
	新疆	1	1		
西南6省	四川	15	11	23	65.71%
	重庆	11	6		
	贵州	3	2		
	云南	6	4		
	西藏	0	0		
	青海	0	0		
合计		323	176	176	54.49%

注：资料来源：教育部高校招生阳光工程指定平台，http://gaokao.chsi.com.cn/。

由表 2-3 可知，我国各个地区民办高校数量由于经济和人文等因素参差不齐，但除了东北和华北两个地区以外，多数地区开设工程造价专业或方向的民办高校超过 50%，尤其是西北、西南地区。民办高校工程造价专业的泛滥，与普通高校的优势资源相比，民办高校面对先天不足、后天发展不良的教学现状，给我国工程造价专业人才的质量发展带来了挑战。

综上所述，我国城镇人口数量情况、建筑业的发展趋势、公民受教育情况以及民办高校工程造价专业泛滥都为工程造价专业人才的培养和发展战略的实施展现了现阶段的机遇和挑战。首先，城镇人口数量的增

加使得城镇不断发展，不断建设，工程造价专业人才的规模和职业能力
会受到影响；其次，我国建筑业未来的发展趋势使得工程造价专业人才
的能力水平及职能定位面临新的挑战；然后，我国第三产业的发展情况
对工程造价专业人才提出新的要求；最后，民办高校工程造价专业泛滥、
教学质量不高等现象使得工程造价专业人才的发展面临更严峻的挑战。
总之，为了工程造价行业健康发展，更需要对专业人才的培养方案和培
养目标作出合理的规划。

第五节　我国工程造价专业人才培养与发展的技术环境变化

技术环境是指社会技术总水平及变化趋势、技术变迁、技术突破对
企业影响，以及技术对政治、经济社会环境之间的相互作用的表现等（具
有变化快、变化大、影响面大等特点）。对于工程造价这种专业人才来讲，
只有掌握过硬的相关技术，才能在职业生涯中较好地发展。因此，对我
国工程造价专业人才培养与发展的技术环境进行分析是十分必要的。

一、计价模式的转变对工程造价专业人才的影响

自从新中国成立以来，我国工程造价计价体系建立和发展是随着
我国经济体制的转变而变化的。1950 年国家建立基本概预算制度，确
定概预算各类编制依据，我国"定额计价模式"由此产生。2003 年建
设部颁发国家标准《建设工程工程量清单计价规范》GB50500-2003，
2008 年颁发《建设工程工程量清单计价规范》GB50500-2008，2013 年
颁发《建设工程工程量清单计价规范》GB50500-2013，这标志着我国
已基本形成由市场定价的工程量清单计价模式。工程量清单计价模式的

确立意味着我国的工程造价管理由传统的计划定价方式向市场定价方式转变，虽然在很长的一段时间内，定额作为重要的计价依据仍然会发挥基础作用，但其功能定位将逐渐明晰，即作为国有资金投资工程编制估算、概算、最高投标限价的依据，而对其他工程仅供参考。工程量清单计价模式的转变对工程专业人才的职能定位提出了新的要求，即从传统的套定额计量计价发展到以工程价款管理为核心的工程造价管理，进而发展到提供从前期策划到最终结算的全过程造价管理服务。面对这一技术环境变化的挑战，我国工程造价专业人才培养与发展战略应作出相应调整，加强专业人才的全过程造价控制与管理、前期投融资决策、风险管理、价值管理、投资战略规划、信息化等多方面技能。

二、工程造价信息化对工程造价专业人才的影响

随着我国信息技术的发展，与市场经济相适应的工程造价管理体系的完善，工程造价信息化显得越来越重要。工程造价信息化是在传统工程造价管理的基础上，借助于信息化的平台和手段，实现工程造价信息的建立、交流和共享，不断提高工程造价管理的效率和效果。特别是对工程造价专业人才而言，工程造价信息化便于造价从业人员获取全面的工程造价信息，避免不必要的重复工作，大大节约时间和成本。其中 BIM 是造价信息化的重要组成部分，住房和城乡建设部在《2011-2015 年建筑业信息化发展纲要》中将发展 BIM 列为"十二五"规划的总体发展目标之一，并明确提出要"推动基于 BIM 技术的协同设计系统建设与应用"[1]。这一新技术的出现给人们的工作带来了便利：首先是效率高，BIM 的出现大大提高信息的传递效率，实现各工种、各参与方的协同作业；其次是精确性，

---

[1] 住房和城乡建设部 .2011—2015 年建筑业信息化发展纲要。

BIM 的自动化算量可以摆脱由于人为原因造成错算、漏算，得到更加客观、准确的数据；然后是动态性控制，BIM 建立的工程关系数据库有助于研究超额或完不成定额的原因，及时掌握变化的信息，并对定额实行动态管理和及时调整修订；最后是宏观把控，BIM 模型通过互联网集中在企业建立总部服务器，实现总部与项目部的信息对称，使总部加强对全局的管控能力 **❶~❸**。BIM 可以解决全过程项目过程中的孤岛问题，也是解决我国长期以来存在设计体系与定额体系接口问题的有效途径。在信息化不足的情况下，把设计图纸按照定额体系导入算量计价软件需要花费大量的人力，也是造价专业人员的主要工作之一，但在以 BIM 为代表的信息化技术长足发展的情况下，这一问题已经无需大量人工投入进行解决，这必然带来造价专业人员的职能转型。因此，以 BIM 技术为首的工程造价信息化发展给工程造价专业人才的发展带来挑战，工程造价专业人才只有构建一套基于信息技术、涵盖工程造价管理体系所有内容，具有科学权威、标准统一，集产、学、研、用为一体的工程造价信息化体系，熟练掌握先进信息化技术，才能为政府、行业协会和企业等各方主体提供有价值的信息服务，促进行业内各种资源、要素的优化与重组，提升行业的现代化水平，促进我国工程造价行业的长足发展。

三、"互联网 +"思维对工程造价专业人才的影响

基于"互联网 +"思维，工程造价咨询市场也必然受到"Online To Offline"模式的影响，即通过线上整合线下资源的方式帮助业主找到合

---

❶ 王婷，肖莉萍 . 国内外 BIM 标准综述与探讨 [J]. 建筑经济，2014（5）:108-111.

❷ 李函霖 . 论 BIM 技术对工程造价管理的作用 [J]. 企业科技与发展，2013（11）:87-89.

❸ 王广斌，张洋，谭丹 . 基于 BIM 的工程项目成本核算理论及实现方法研究 [J]. 科技进步与对策，2009/26(21): 47- 49.

适的服务供应商，同时帮助专业人士快速找到项目。工程造价咨询业中客户对免费、体验以及高精确服务的追求必然推动未来互联网思维与工程造价业的高度融合。这样的技术转变在给工程造价专业人才发展带来机遇的同时也给他们带来了挑战：一方面由于"O2O"的重要特点是不可估量的推广效果、实时追踪查询的交易成果，使得专业人才不仅要熟练掌握自己的专业知识及技能，还要具有"互联网+"思维，对现有互联网商业模式和产品有一定了解，需要工程造价专业人才具有较强的线上注册、线上展示及沟通的能力；另一方面，"O2O"模式取消了工程造价咨询公司这一交易平台，业主直接通过网络选择个人，使得专业人才失去了咨询公司这一保护屏障，专业必须能够熟练运用相关多种专业知识和工作技能，满足业主需求，这样的交易方式已经颠覆了传统情况下初入职的专业人士可以通过所在单位的一定时间培养而进行逐步能力积累的渠道，而是必须直接面临残酷的市场竞争，这种形势的转变就要求工程造价专业人才的培养模式和体系必须给专业人士提供真正的实战能力。同时，在 O2O 模式下，工程订单的内容具有很强的不确定性，工程项目多样性给工程造价专业人才提出了更高的要求，个人必须不断提升自己专业水平，及时转变自身职能定位，满足多方面的职能需求。

四、PPP 模式对工程造价专业人才的影响

十八届三中全会以来，政府和社会资本合作即 PPP 模式，成为我国经济发展的新兴模式，渗透到对外投资、新型城镇化及地方债务管理等多个领域，因此各方对 PPP 模式的重视程度逐渐加强。一方面 PPP 模式下的社会资本有助于化解由于地方政府过分信贷带来的债务危机，加快国有资金的先进周转速度，增强资金使用效率以减少政府压力；另一方面我国实施简政放权，市场逐渐成为国家发展的主导，PPP 有助于

规范地方政府平台的投融资行为，给政府进行合理定位❶。虽然目前国务院及财政部多次下达文件规范和推动，但 PPP 模式在我国的推广过程中存在风险分配机制不健全，难以平衡社会资本激励与维护公共利益之间的关系，法律法规不完善等问题。这说明 PPP 项目具有很强的专业性，这就需要我国工程造价专业人才重视学习 PPP 模式，掌握 PPP 模式下的项目识别、准备、采购、执行及移交全过程，为行业发展开拓新的业务模式，实现项目智力、服务和社会资本的高效运用。

综上所述，我国计价模式的转变、工程造价信息化、"互联网+"思维及 PPP 模式对我国工程造价专业人才在专业技术和能力方面提出新的要求。因此，为使专业人才适应市场需求，工程造价专业人才培养与发展的能力标准应该做出相应调整。

第六节　我国工程造价专业人才存在的问题

一、工程造价专业人才管理体制有待完善

国家专业人才发展战略和相关法律法规的完善对工程造价专业人才的培养、管理与发展提出更高的要求。但研究发现，我国对工程造价专业人才的管理相对发达国家或地区过于依赖政府的作用，国外多构建以政府、协会和市场三方一体的工程造价专业人才管理体系。

国内各专业人才法律法规进行对比分析，发现无论是政府监管还是行业自律，注册会计师的管理都优于注册建造师、注册监理工程师和工程造价专业人员。总的说来我国对工程造价相关专业人才管理体系存在

---

❶ 刘梅 .PPP 模式与地方政府债务治理 [J]. 西南民族大学学报（人文社会科学版），2015(12):142-146.

缺陷：首先，虽然政府对专业人才的监管较强，但国家没有根本性法律对工程造价专业人才进行规范；然后，现有法律法规对工程造价专业人才的管理大多属于综合管理，鲜有像注册会计师一样对考试制度、注册及培养等方面分开进行详细规范；最后，我国建设工程造价管理协会对造价工程师基本没有作出管理，行业规范较少，约束力不强。因此，我国工程造价专业人才的管理体制的关键不仅需要政府部门建立更加完善的法律法规保障体系，还要增强行业协会对工程造价专业人才的管理。

二、工程造价专业人才数量与需求量匹配问题

随着我国经济的不断发展，国家对固定资产的投入不断增加，建筑业企业签订的合同总额在持续上升，这在一定程度上反映了国家越来越需要工程造价咨询行业专业人才，但为了工程造价行业健康发展需要对我国工程造价专业人才的需求与供给做好匹配。对比我国工程造价专业人才规模和英国工料测量师规模，发现在建筑市场大背景下，我国工程造价专业人数规模明显大于英国规模。但从近些年英国建筑业发展和工料测量师数量变化，可以很明显地看出，建筑市场对专业人才数量的影响较大，当建筑市场需求量大时，工料测量师的数量就多，当建筑市场不景气，需求量小时，工料测量师的数量就会相应减少。虽然我国建筑市场对工程造价专业人才规模影响相对较小，但是市场供给和需求的相互匹配问题依然存在。

相对注册建造师而言，一方面执业资格及范围是有等级划分的；另一方面，从总数来看，一级建造师初始注册人数是注册造价工程师人数的2.4倍。而注册监理工程师数额超过15万，比注册造价工程师人数略多。

三、工程造价专业人才业务范围及职能亟需转变

我国造价工程师与英国的工料测量师业务范畴更为贴近，更多地强

调从管理科学的角度，突出组织的协调作用。但通过外部环境分析及相关专业人才对比发现，现阶段国家越来越重视国际交流、法律法规完善实现，对工程造价咨询行业及专业人才的管理更加严格，而且未来劳动密集型咨询产业终将被取代，工程造价咨询目标应由代替委托方体力工作转变为替委托方提升项目价值，实现以工程造价管理为核心的项目管理。因此，我国对工程造价专业人才业务范围及职能方面的需求发生转变，具体内容如图2-5所示。

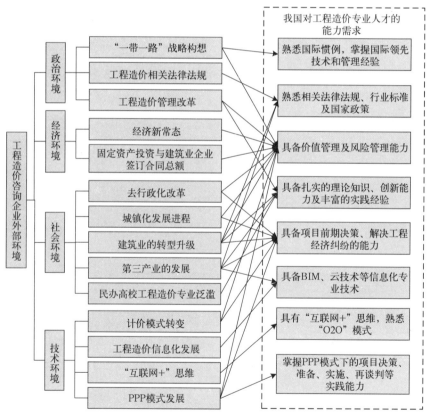

图2-5 我国对工程造价专业人才的需求分析

由图 2-5 可知，一方面"一带一路"的战略构建使得企业海外市场不断开拓，不仅对企业自身的能力和资金有要求，而且对工程造价专业人才的能力提出了更高的要求。面对新的形势，我国工程造价专业人才应顺应新形势下的要求，结合自身专业优势，学习和借鉴国外先进的专业化知识和技能，扩宽自己的能力范围；另一方面目前我国工程造价专业人才的综合职业能力与岗位需求差距很大，不能满足岗位要求。因此，为使我国专业人才能够与国际接轨，取得更多的国外市场份额，急需大量具有一定专业基础理论知识，熟练掌握全过程造价控制与管理、前期投融资决策、风险管理、价值管理、投资战略规划、信息化等高端管理领域的专业人才，也就是说我国工程造价专业人才的工作职能亟待转变，进一步拓展业务范围，掌握先进专业技术。目前我国工程造价专业人才虽然在工作中应用BIM 技术，试图一步进入信息化时代，但是由于科学的方法和合理的手段，最终未能达到预期的效果，使得 BIM 技术在工程建设领域发挥的作用十分有限。同时，基于工程造价"互联网＋"思维出现的"工程帮"等平台给工程造价专业人才发展带来机遇的同时也给他们带来了挑战，专业人才需要不断提升自己专业水平，及时转变自身职能定位，满足多方面的职能需求。

总之，现阶段我国对造价专业人才的执业范围不应仅仅局限于基础业务，随着市场的不断发展和业主要求，专业人才需要掌握更多的职业技能，拓展自己的业务能力，并在潜移默化中培养快速学习和掌握新方法、新技术的能力，真正为我国培养"规模化、信息化、标准化、国际化"的一专多能的复合型工程造价专业人才以期满足市场需求。

四、工程造价专业人才的认证制度及培养模式尚存不足

（一）工程造价专业人才的认证制度

虽然英国、美国和我国对专业人才的教育背景和工作经验都做了规

定，但我国现阶段工程造价执业资格考试制度在考试管理制度、报考资格、考试形式等方面的约束过于单调，与国外先进的多样化方式和会员等级等应对不同人群的造价工程师认证制度还有一定的差距。国内相关专业人才的考试制度有所不同。相比注册建造师、注册监理工程师和注册会计师而言，我国造价专业人才的考试制度在大纲拟定、教材编写、考试科目执业资格证书颁发等方面过于依赖政府的作用，另外该考试只是对参考人员的基础知识进行考核，对综合能力考核不足。因此，我们需要提升考试理念、充实考试内容、完善考试方式，建立起符合终身学习理念和充分体现胜任能力评价要求的考试制度，促进中国造价专业人才胜任能力和执业水平的提高，使中国造价专业人才的考试制度与国内先进考试制度相媲美。

同样，国内不同专业人才的注册也有所不同。首先，造价工程师的注册是分初始注册、变更注册、延续注册，每个注册阶段都有时间限制，造价工程师为了维持造价工程师执业资格，就需要在规定时间内申请，得到相关部门允许后才可继续正常工作。而注册建造师和注册会计师每隔一段时间就会有专门的国家部门对已注册人员进行检查，不合格的人员将注销注册。虽然同为对专业人才的监督管理，但注销注册的强制性和规范性更强，使得专业人才时刻具有专业工作的资格，保证工作质量和行业的健康发展。其次，注册监理工程师及注册会计师对注册人员的年龄还有严格限制，保证工作的准确性。最后，造价工程师、注册监理工程师和注册建造师的发证机关是政府主管部门，注册会计师的发证机关是注册会计师协会颁发，这充分证明了注册会计师协会的作用。

（二）工程造价专业人才的培养模式

1. 高校培养模式

目前我国高校对工程造价专业人才的培养还存在一定缺陷：（1）缺

乏与造价工程师执业资格接轨的高等教育制度，虽然我国从 2003 年起已经在高校中设立了工程造价专业但在专业设置、课程体系上没有统一指导，各个学校按照自身的办学能力和特色制定教学计划，缺乏行业协会对整个工程造价高等教育制度的认证体系，使得同样工程造价专业不同高校的毕业生有着不同的知识基础和能力标准；（2）缺乏对造价工程师的职业能力评估（APC）和技术能力评估（ATC）系统，对于造价工程师知识结构和能力标准的培养只通过笔试的方法是不够的，不能保证笔试合格的人员一定具有造价工程师的执业能力；（3）民办高校工程造价专业泛滥使得工程造价专业人才的发展面临严峻的挑战：一方面很多民办高校一味获取经济收益，在没有达到开设工程造价专业的条件，没有优良的师资队伍情况下，例如一些语言类或艺术类院校开设工程造价专业，另一方面很多民办高校教学模式陈旧、课程设计落后、亟待提升的硬件设施条件等等因素导致教学质量直线下滑，课堂教学与工作实际应用严重脱节等现象；（4）国外对工程造价专业人才的培养主管单位是行业协会，政府的作用较小，而我国过多地依赖政府监督和约束，协会作用不大。此外，我国应借鉴国家对会计专业人才的培养方式，选取工程造价专业人才的重点培养对象，加大教学软件和硬件支持，更要注意工程造价专业人才的理论与实践相结合的培养模式，使得工程造价后备军在踏入社会后，快速的适应专业工作。

2.继续教育制度

继续教育既是造价工程师的权利也是义务，作为合格的造价工程师就要接受相关知识的继续教育，并且继续教育是造价工程师注册的重要条件，这也是国家相关部门及行业协会对造价工程师进行管理的一种有效手段。对各国工程造价专业人才继续教育制度的对比后，发现注册建造师和造价工程师的继续教育制度基本相同，但我国专业人才的继续教育制度还不够系统和完善。不论是国外先进国家对工程造价专业人才的培养还是国内注册会计师的培养，都会按照专业人才的素质水平、业务能力等将其划分为多个层次多个等级。例如皇家特许测量师学会考虑到专业人士的知识和年龄结构，将会员分为不同等级，其中正式会员包括含有资深会员和专业会员两类的专业级会员、技术级会员和荣誉级会员，非正式会员包括学生、实习测量师以及技术练习生。而国内注册会计师中高端人才划分为领军人才、国家化人物和新业务领域业务骨干等多个等级，不同的等级都是通过严格的选拔机制筛选出来的。我国工程造价专业人才的培养与能力发展战略实施应以造价工程师继续教育为基础，以行业基础人才培养作为补充，建立分阶段、分层次的人才培养机制，这样不仅有利于工程造价专业人才自身的职业发展，而且有利于我国工程造价整个行业的健康发展。因此工程造价专业人才的继续教育是未来专业人才培养的关键。

综上所述，我国工程造价专业人才在管理体制、规模现状、业务范围及职能和认证制度及培养模式都存在不同程度的问题，需要制定合理的工程造价专业人才培养与发展战略，为我国工程造价专业人才的发展指明方向。

第二篇

工程造价专业人才培养与发展的战略框架

第三章 工程造价专业人才培养与发展指导思想和基本原则

工程造价专业人才培养与发展的指导思想

一、工程造价人才培养指导思想

工程造价专业人才培养与发展战略作为我国工程建设领域发展战略的重要组成部分，对于我国建设领域的可持续发展具有重要的支撑作用。其指导思想的制定，应站在国家的战略高度和全球化竞争的高度，立足于我国可持续发展的长期战略，坚持以科学发展观为指导，全面贯彻党和国家科技兴国和人才强国战略。高举中国特色社会主义伟大旗帜，以邓小平理论和"三个代表"重要思想为指导，深入贯彻落实科学发展观，贯彻落实党的十八大及十八届三中全会精神和党中央、国务院各项决策部署，适应中国特色新型城镇化和建筑业转型发展需要，强化人才资源是第一资源的理念，落实我国人才强国战略的总体要求。

（一）工程造价人才培养的任务与使命

1. 工程造价人才培养任务

全面提升工程造价专业人才的实践能力、创新能力，努力创新包括学历教育、执业教育和继续教育在内的造价专业人才全职业生涯的培养模式和培养机制，全面提升工程造价专业人才培养质量，营造拔尖创新人才脱颖而出的氛围，并制定切实可行的计划，有步骤地实施造价领军人才的培养方案。强化工程造价行业全球化意识，加强我国工程造价专业人才国际交流与合作，努力培养一大批满足国际化大型工程造价咨询需要的造价专业人才。以提升工程造价专业人才诚信道德建设与专业素质为重点，以优化人才发展环境为保障，大力推进工程造价专业人才制度建设和机制创新。

2.工程造价人才培养使命

要紧紧围绕工程建设市场对工程造价咨询行业专业服务的需求，借鉴国际经验，创新人才培养机制，积极拓展知识领域，全面提升工程造价从业人员素质，提高注册造价工程师的综合执业能力，以适应目前工程造价咨询行业国际化、信息化、造价管理全过程化的发展趋势，形成培养人才的良好氛围和科学机制。充分认识"人才资源是第一资源"、人力资本投资是战略投资的理念，努力建设一支规模适度、结构合理、素质优良、竞争力强、世界一流的工程造价专业人才队伍。

（二）工程造价人才培养的具体工作任务

1.了解市场需求，保证人才培养与社会需求匹配

国家、社会、经济和行业的发展对工程造价专业人才提出了不同的能力需求和数量需求。根据社会与市场的需求，有必要优化工程造价专业人才专业结构，既要注重目前工程造价专业人才队伍的现状，也要根据人才发展的总体目标，对我国人才的需求进行科学预测和整体规划。同时，需要对工程造价专业人才的能力目标进行重新构建，以满足职业环境变化和造价专业人才职业生涯发展规划的需要。

2.完善制度，营造良好的行业人员从业环境

营造工程造价专业人才发展的政策环境，积极推动工程造价管理的立法进程，创造有利于工程造价专业人才发展的新机制，调动积极性，

激发创造力。工程造价专业人才主要从事的是社会经济鉴证类工作，对这一行业来说，加强职业道德建设显得尤为重要。有必要在制定和发展造价专业人才诚信和职业道德制度的基础上，规范执业环境，形成良性竞争，进一步提升专业技术水平和综合素质。

3. 产学研结合，转变教育模式

工程造价专业人才的培养需要行业协会、培养机构和用人单位的共同努力方能达到预期目标。因此，需要引进国际先进管理惯例，进行国际化人才培养，注重政企学研机构工程造价专业人才培养的结合，形成人才、技术和产业相互促进的良好局面。工程造价专业人才的培养需要分层次进行，需要由企业提出对不同层次人才的需求，依托高校建立各层次造价专业人才的培训基地，行业协会负责统筹协调管理，从而建立立体化、全职业生涯的规划。

4. 科学规划，稳步推进

要以全行业科学有序发展为基础，科学规划，推动各地区及各行业造价专业人才培养之间的有效合作，完善人才培养机制与内部治理机制，促进行业健康发展。

二、工程造价人才培养指导方针

（一）服务发展

依据国家制定的一系列行业发展战略，把服务工程造价管理改革及发展作为人才工作的根本出发点和落脚点，围绕工程造价专业人才培养与发展的规模目标和能力目标确定人才队伍建设任务，根据发展需要制定人才政策措施，用发展成果检验人才工作成效。

（二）人才优先

确立在我国工程建设发展中人才优先发展的战略布局，充分发挥造价专业人才的基础性、战略性作用，做到人才资源优先开发、人才结构优先调整、人才投资优先保证、人才制度优先创新，使工程造价工作向依靠科技进步、专业人员素质提高、管理创新转变。

（三）以用为本

专业人才培养的成果需要经受工程造价行业国际化、信息化以及造价管理全过程化需求的全面检验，只有充分发挥工程造价专业人才在工程实践中的作用才能视作完成了人才培养工作的根本任务。因此，必须围绕用好用活人才来培养人才、引进人才，积极为各类人才干事创业和实现价值提供机会和条件。

（四）创新机制

机制创新是人才培养模式改革的基础条件，把深化改革作为推动人才发展的根本动力，坚决破除束缚人才发展的思想观念和制度障碍，构建与社会主义市场经济体制相适应、有利于科学发展的人才发展体制机制，最大限度地激发工程造价专业人才的创造活力，才能真正满足行业面临的"互联网＋"改造所提出的对工程造价专业人才的需要。

（五）高端引领

"一带一路"的国家发展战略鼓励我国专业人才、专业能力的对外输出，为满足这一形势，需要培养造就一批世界水平的工程造价专业技术人员，熟悉国际惯例，了解国际造价管理的过程和技术，积极参与国际竞争，从而充分发挥高层次人才在经济社会发展和人才队伍建设中的引领作用。

（六）有效支撑

战略目标的制定指引了未来中长期人才发展的基本规划，为实现该目标，需要建立起包括战略培养体系、战略组织体系和战略保障体系在内的工程造价专业人才培养与发展的战略支撑体系，以确保战略目标能够得以真正实现。

第二节　工程造价专业人才培养与发展的基本原则

当今世界，经济全球化日益深化，企业跨国经营、资本跨境流动日益频繁，科技进步日新月异，知识经济方兴未艾，工程造价专业人才在经济社会发展中的基础性、战略性、关键性作用更加凸显。因此，工程造价专业人才发展战略必须围绕国家可持续发展所面临的突出矛盾和主要问题，为工程造价管理改革提供人才保障、人才支撑。通过对本专业人才培养与发展战略的研究，提高对造价行业专业人才的能力素质要求，激发专业人才不断提高业务能力和技能水平，创造适合造价行业人才自主创新和自我完善和发展的外部环境，满足未来市场对本专业人才的需要和促进我国造价专业人才迅速达到国际先进水平。为实现我国工程造价专业人才培养与发展的战略目标，应遵循以下基本原则。

一、优化结构，提高素质

优化工程造价专业人才专业结构，加强职业道德建设，进一步提升专业技术水平和综合素质。推动工程造价咨询专业方向院校管理制度建设，促进相关院校提高教学质量、加大为行业输送人才的力度，加强工程造价咨询专业方向学科建设，促进教学体系的完善。加强高层次人才的培养，建立造价咨询行业专家队伍。培育职业道德良好，专业素质过硬，熟悉工程造价咨询行业理论与实务，具有一定管理经验和创新意识的复合型人员成为专业领军人物。探索并推广行业领军人才和国际化人才培养模式，健全行业领军人才和国际化人才选拔、培养、考核、淘汰使用机制，建立梯次化行业领军人物和国际化人才培养体系，围绕行业业务发展特点、热点，组织高端研讨班，拓宽行业高端管理人才，具有复合型业务骨干人才培养渠道，推动领军人才和国际化人才培养与工程造价咨询内部人才选拔、晋升机制的结合，提升领军人才和国际化人才的影响力，发挥高端人才辐射带动作用。

二、完善制度，创新机制

营造工程造价专业人才发展的政策环境，创造有利于工程造价专业人才发展的新机制，调动积极性，激发创造力。深入推进注册造价工程师制度改革，全面提高注册造价工程师的胜任能力，提升考试的国际化水平，稳步拓展国际认可范围，完善考试控制制度和组织管理制度，进一步为提高考试工作质量，推进考试组织的科学化。建立行业执业准入胜任评价制度，制定注册造价工程师执业胜任能力评价制度，建立同行业评价机制，并保证制度的公平性和有效性。

三、立足当前，着眼长远

既要注重目前工程造价专业人才队伍的现状，也要根据人才发展的总体目标，对我国人才的需求进行科学预测和整体规划。发展战略的制定，必须建立在科学预测、科学规划的基础上。在科学预测、合理规划的基础上，保持工程造价人才发展与培养战略适度的超前性，并能够做到对中长期工程造价专业人才的需求做出预测。

四、产学研结合，共同促进

在政府的监管与支持下，注重高等学校、研究院所和企业所属工程造价专业人才的结合，形成人才、技术和产业相互促进的良好局面。推动相关院校、研究机构与行业的沟通与互动，鼓励工程造价咨询企业为院校建立稳定的学生实习基地，建立实践型毕业生能力体系。引导院校为工程造价咨询企业提供优秀人才，以中价协和地方协会为平台，加强行业实务界与院校、理论界专家人才等合理有序流动和合作攻关。

五、以人为本，培养为主

重视人的需要；以人为基本出发点，鼓励学校、企业、管理机构重视人才的培养。不断更新教育理念，完善造价工程师继续教育管理办法，鼓励造价咨询企业建立专业人力资源分类分级体系、培训体系、评价体系、考核体制和晋升制度体系，支持造价咨询企业、地方协会针对不同的胜任能力培养要求，对开发培训教材分类分级。指导和推动地方协会健全继续教育制度，深入推进继续教育工作的改进，为做好继续教育工作，建立完善的继续教育保障制度。

六、科学规划，稳步推进

要以全行业科学有序发展为基础，科学规划，加强区域和行业间的合作，完善人才培养机制与内部治理机制，促进行业健康发展。发展战略必须周密部署，充分考虑到各方面关系，坚持系统化、整体优化原则。并要保证抓住主要矛盾和矛盾的主要方面，保证重点，统筹兼顾。

第四章 工程造价专业人才培养与发展的战略制定

第一节 **工程造价专业人才培养与发展的总体战略**

工程造价专业人才培养与发展战略作为我国工程建设领域发展战略的重要组成部分，对于我国可持续发展具有重要的支撑作用。而总体战略是指组织根据发展现状制定总的发展目标或者发展方向。因此，本报告根据我国现阶段工程造价行业的发展现状制定工程造价专业人才培养与发展的总体战略。

一、工程造价专业人才培养与发展的战略内容

人才战略实质上就是通过对人才培养、吸引和使用进行宏观的、总体性的谋划，使得最终能够实现人才长远发展目标[1]。随着时代发展，我国逐渐意识到人才战略的重要性，并在实施人才战略时向发达国家学习，高度重视人才培养并创新人才培养机制[2,3]，加强组织获得发展、创造、积累、利用知识的能力[4]，以促进本国经济发展并提高国家竞争力。

---

[1] 张福昌. 建设类专业人才培养与执业资格制度关系研究 [J]. 高等建筑教育，2008，17(3)：1-6.

[2] 严玲，邓新位，闫金芹. 应用型本科工程造价专业双证书认证模式研究 [J]. 高等工程教育研究，2014(5)：72-78.

[3] 李光全. 中国城市人才竞争力变化影响因素分析 [J]. 科技进步与对策，2014，31(2)：136-139.

[4] Ikujiro Nonaka, Hirotaka Takeuchi. The Knowledge Creating Company[M]. New York: Oxford University Press,1995.

人才培养通常是组织通过某种方式实现人才知识、能力及素质结构，我国中长期的教育改革和发展规划纲要强调未来应逐步扩大应用型、复合型、技能型人才培养规模，其中的关键是确定以能力为核心的培养模式 ❶。而且我国经济发展讲求"规模化、专业化"，行业的发展需要在专业化和规模化之间进行利益权衡，专业人才属于行业的重要组成部分，其规模和能力在一定程度上体现行业的发展规模化和专业化程度。因此，本报告将工程造价专业人才培养与发展战略内容分为规模预测、能力标准和培养体系三个部分。

二、工程造价专业人才培养与发展的规模战略

《国家中长期人才发展规划纲要（2010—2020）》中明确指出"人才资源总量稳步增长，队伍规模不断壮大"是未来人才发展的重要目标，工程造价专业人才是我国人才发展的重要组成部分，而且工程造价专业人才的培养与发展是我国工程造价行业能否稳步发展的关键，也是工程造价咨询行业争夺国际市场的关键，因此制定工程造价专业人才培养与发展的规模战略具有重要的现实意义。在工程造价行业发展过程中，工程造价专业人才需要满足必要的、可吸收的、安全的规模水平。研究发现，我国固定资产投资规模增幅逐步放缓，造价工程师增加数量趋于平缓，每年开设工程造价专业的高校招生增加量也略有减缓，但现阶段工程造价专业人才的供求情况模糊不清，因此本报告认为应当从造价咨询企业、造价工程师、工程造价专业学生等多个方面入手，对工程造价行业未来市场需求作出合理预测，根据市场需求量有效控制工程造价专业人才供给数量，优化专业人才的发展结构，合理调整专业人才的供给与

---

❶ 祝家贵.深化以能力为导向的人才培养模式改革 [J]. 中国高等教育，2015(12)：35-37.

需求匹配，避免人才冗余。

三、工程造价专业人才培养与发展的能力战略

随着我国经济社会的发展，以知识为基础的产业成为主导产业，技术密集型和智力密集型产业比重明显上升 ❶，这表明专业人才单纯的规模化发展已经不能满足市场的发展需求，需要根据行业发展内外部因素制定人才发展的能力战略。因此制定和优化工程造价专业培养与发展模式，培养符合国家和市场需求的工程造价专业人才，是目前工程造价行业需要深入研究的问题。初步研究发现，从工程造价专业人才培养与发展的外部因素来看，一方面工程造价管理对高端业务需求凸显，不同类型企业提出了工程造价管理的精细化要求，我国应当细化工程造价专业人才的层级结构，对不同层级人才制定不同能力标准，完善对专业人才的管理，满足多样化的市场化需求；另一方面，现阶段以"互联网+"为代表的信息技术的出现对传统计量计价业务带来冲击，因此应当建立起以工程价款管理为核心的造价专业人才知识架构。而从专业人才发展的内部因素考虑，我国虽然已经形成了稳定的工程造价专业人才队伍，且形成了市场化的计价体系，但目前专业人才与国际领先水平仍有一定差距，知识结构陈旧，而且高校对造价专业人才的培养标准并不统一，与执业资质没有形成良好衔接。因此，我们应通过培养方式的改革优化现有知识结构，培养国际化及复合型工程造价专业人才，拓宽海外市场，并在高校中实施专业认证，以满足未来工程造价专业人才的实践需要。

---

❶ 王有国.区域经济和创新能力发展与人力资源结构相关性研究——以北京市大兴区为例 [D]. 北京：北京理工大学，2015.

第二节　工程造价专业人才培养与发展的具体战略

工程造价专业人才培养与发展的总体战略注重把握行业发展内外部的环境变化，努力实施资源的有效战略配置。根据工程造价专业人才的规模和能力的总体战略制定具体战略，包括工程造价专业人才能力标准层级划分战略，职业资格制度改革背景下造价工程师执业资格制度的完善战略，工程造价专业人才的国际化培养战略，去行政化背景下复合型工程造价专业人才培养战略，工程造价专业人才发展与高等教育对接战略五个方面。

一、工程造价专业人才能力标准层级划分战略

（一）目的和意义

随着我国工程造价咨询行业迅猛发展，一方面需要调整专业人才结构以满足市场需求；另一方面对工程造价专业人才进行层级划分，有助于激励工程造价专业人才提高能力水平，制定更加符合自身的职业发展规划。因此，对我国工程造价专业人才实施能力标准层级划分战略是十分必要的。一方面工程造价专业人才形成层级，使专业人才有了专业晋升的渠道，有助于企业培养分梯队人才；另一方面可以激励专业人才不断学习，促进工程造价高层次人才培养。进而带动工程造价专业人才总体水平不断提升。

（二）具体战略

为解决目前工程造价专业精细化分工和加强工程造价专业人才个人审核带来的挑战以及专业人才管理体系区分度不高的问题，建立工程造价专业人才能力标准层级划分制度，完善专业人才梯次化管理。一方面按人才称号分类制将工程造价专业人才划分为基础人才、骨干人才和领军人才三个层次，并逐渐形成以基础人才为基础，以领军人才与骨干人

才培养为重点，分阶段、分层次人才培养的机制。另一方面按协会会员等级划分制度，将工程造价专业人才划分为会员、高级会员、资深会员、荣誉会员几个层次。两种层级划分制度建立起来之后，研究两种划分制度之间的对接关系，并完善相应制度。

（三）具体措施

在住房和城乡建设部的领导下，以各省市工程造价管理部门为依托，开展对工程造价专业人才的等级划分工作。具体工作分三个步骤进行，首先进行制度设计，制定工程造价专业人才管理办法，对基础人才、骨干人才和领军人才制定不同的能力标准；然后建立基础人才、骨干人才及领军人才的选拔机制、培养机制、淘汰机制、使用机制，使人才培养成为长效机制和永久性政策措施。第三在总量控制的原则下，研究设定各层级人才在全行业的比例，并推进工程造价专业人才的划分工作；最后，制定工程造价专业人才晋升路径，鼓励和引导工程造价专业人才向高层次、高水平发展，加强培养和选拔工程造价高层次专家型、管理型专门的领军人才，促进我国资深企业拓展业务，逐步走向国际。

高校培养工程造价基础人才，建设单位、设计单位、施工单位及工程造价咨询企业接受高校培养的基础人才，进行选拔、培养、考核，从中培养出工程造价骨干人才。各地工程造价管理部门和中央主管单位要大力培养、选拔本地区、本部门、本系统的工程造价领军人才。到2020年，培养1000名左右的全国工程造价领军人才，担当工程造价行业领军重任。

同时以行业协会为依托，积极稳妥地发展个人会员制度。具体工作分三个步骤进行，一是完善中价协个人会员管理办法，明确会员分级，确定各级会员的条件及入会程序，明确会员权利义务等有关规定，并落实相关制度；二是分步发展会员、高级会员、资深会员，按认定的方式确定首批资深会员，再以资深会员推荐的方式逐步发展资深会员；三是制定工程造价专业人才晋升路径，做好各级会员的服务工作，以培养出分梯次的工程造价专业人才。

二、职业资格制度改革背景下造价工程师执业资格制度的完善战略

1. 目的和意义

切实贯彻落实党和国家的方针政策，规范职业资格的管理，确保取消造价员职业资格制度工作的有序推进和社会稳定。改革完善职 业资格制度，是推动职业资格制度健康发展的必然要求。取消住房城乡建设部设置的造价员资格，规范造价专业人员职业资格管理，符合国务院转变政府职能和减政放权的精神。但也要充分估计取消已有百万造价员资格的复杂性，以及可能引发的社会问题。进一步完善造价工程师执业资格制度，调整和优化等级设置、报考条件、专业划分等内容，有利于健全人才培养机制，为职业资格改革平稳推进做好衔接和过渡工作。

2. 具体战略

国家取消造价员职业资格后，应尽快完善造价工程师执业资格制度，将造价工程师执业资格进行分级管理。要将现有的符合条件的造价员平稳过渡到二级造价工程师；对于达不到要求的造价员，要按照个人会员资格等制度做好存续服务。

3. 具体措施

（1）完善造价工程师执业资格制度

修订《造价工程师执业资格制度暂行规定》（人发 [1996]77 号），规定造价工程师执业资格分为两个等级。文件要进一步完善造价工程师的报考条件、专业和科目设置、考试大纲、注册管理实施机构等。制订《造价工程师执业资格考试实施办法》，在执业资格制度规定基础上，明

确组织分工、考试方式，报考科目和考试大纲、教材、考务管理等。

（2）修订《注册造价工程师管理办法》

为了彻底理顺执业资格制度，在《造价工程师执业资格制度规定》发布后，由住房和城乡建设部系统修订《注册造价工程师管理办法》，解决好工程造价专业人员的注册管理、执业要求等问题。

（3）制订《二级造价工程师资格认定暂定办法》

为做好造价员取消后的衔接和规范管理，制订《二级造价工程师资格认定暂行办法》。一是要做好对目前取得造价员资格证书人员的学历、专业、取证年限、年龄、从业单位分布等情况的数据分析；二是在该分析的基础上科学合理确定认定标准，明确考核认定的组织机构、认定程序、认定时间及认定材料要求等，按计划开展二级造价工程师考核认定工作。

三、工程造价专业人才的国际化培养战略

（一）目的和意义

近些年来，"一带一路"经济战略布局，促进我国与周边国家的区域经济一体化的发展，同时也是对国际合作及全球治理新模式的积极探索，将会对以发达国家为主导的传统国际经济秩序形成制衡，可能改变世界经济的现有格局❶。一方面这一政策的推广使得我国过剩的生产力顺利输出，促进我国建筑市场逐步走向国际，工程造价咨询企业拓宽国际业务；另一方面培养大批具有国际视野、通晓国际规则，能够参与国际竞争的国际化人才是《国家中长期人才发展规划纲要（2010—2020年）》提出的目标。为使我国工程造价行业适应国际发展需要，其关键

---

❶　刘翔峰. 亚投行与"一带一路"战略 [J]. 中国金融，2015(9)：41-42.

是逐步实施工程造价专业人才国际化发展的培养战略，培养一批既准确把握国际化趋势，熟悉国际惯例，了解国际造价管理的过程和技术，又准确把握国际化过程中风险和机遇的工程造价专业技术人员，引领专业人才及国内资深企业向国际化发展。

（二）具体战略

随着国家经济全球化发展，境外同行进入的威胁和要求我国经济领域运行遵守国际经济一体化规则，工程造价管理应逐步向国际惯例靠拢，这就要求我国工程造价咨询公司以及工程造价专业人才不断改变以迎接走向国际的挑战。一方面我国高校在培养工程造价专业学生时要考虑到工程造价专业人才未来发展趋势，逐步向工程造价专业学生灌输国际工程造价专业知识，使其在走向工作岗位后适时满足公司及市场需求，将培养国际化素养的专业人才纳入工程造价教材体系并加以贯彻；另一方面我国工程造价咨询公司也应适时开拓市场，提高国际业务竞争力，及时掌握国际工程造价领先技术及管理信息，培养具有国际化素养的专业人才。构建工程造价国际化培养体系，从政府、行业协会、企业及高校等层面建立培养国际化工程造价人才的制度。

（三）具体措施

一方面，高校调整课程体系和教学内容，培养学生的国际视野和语言能力，进一步加强国际交流与合作，充实国际化教学内容；另一方面我国企业通过短期研修，选拔留学，派遣高层管理人员出国学习培训等方式增加职员对国际专业化人才的了解，促进企业的国际化发展，定期推选公司中高层及优秀员工出国考察学习，或采用聘请国内外知名专家对公司员工进行培训的方式提高员工国际化素养。

着眼于提高大型企业经营管理水平，实施"走出去"战略。着力培养造就具有国际水准的工程造价学术带头人。通过培育具有国际水准的工程造价理论高层次人才，促进我国工程造价理论和教育持续繁荣发展。到 2020 年，培养具有国际水准的工程造价学术带头人 50 人。

四、去行政化背景下复合型工程造价专业人才培养战略

（一）目的和意义

我国现阶段去行政化政策不断深入，信息化时代对专业技术人才的不断冲击，且工程造价专业知识体系具有跨学科和专门化的统一、学术性与实践性的统一、技术与经济的统一的特点 ❶，目前单一的计价、计量人才已经难以适应行业发展需求，工程造价管理协会、咨询企业以及高校在对工程造价专业人才的培养应当作出相应调整，实施去行政化背景下的复合型技术及管理人才培养的战略。首先，去行政化有利于强化事业单位决策层的创新责任，而复合型人才的主要特征包含科学创新精神，因此事业单位决策层可以引导工程造价专业人才解放思想，更新观念，改革创新，并对原有的该专业人才培养模式进行探索和研究，以满足培养该专业具有国际竞争力、创新能力和适应能力的人才要求 ❷；其次，去行政化实质是弱化行政审批过程，在去行政化体制下，国家对工程造价咨询企业的资质审核逐渐放宽，加强对工程造价专业人才个人资质的管理，因此专业人才的发展前途与企业效益关联度加强，工程造价专业人才不断拓展自身知识及能力结构，提升自身专业技术水平，以满足企业及市场需求；最后去行政化有利于高校培养创新型人才，去行政化有利于破除僵化的教育模式，大力发展创新教育，摒弃功利思维，摆脱僵化的管理体制，充分发挥学校及教师的自主性，强化创新能力、创新精

❶　孙庆宝. 工程造价专业应用型、复合型人才培养模式刍议 [J]. 中国外资，2013(10)：249-251.
❷　孙庆宝. 工程造价专业应用型、复合型人才培养模式刍议 [J]. 中国外资，2013(10)：249-251.

神和创新人格的培养和教育，建设培养复合型人才的无障碍通道❶。

（二）具体战略

我国的去行政化进程在一定程度上使得工程造价管理部门、高校在培养工程造价专业人才的具体工作发生变化。政府、协会在去行政化制度下引导工程造价专业人才解放思想，更新观念，改革创新，并对原有的专业人才培养模式进行探索和研究；企业加速业务结合，使得过去单一的计量、计价人才能够逐步适应行业发展；高校去行政化，一方面政府在遵循教育规律的基础上，克服对高校行政化的管理，另一方面高校自身应要求行政权力的行使回归本位，使高校学术权力拥有必要空间❷，因此高校需要加紧培养和吸引懂技术、懂经济、懂管理、懂法律的复合型工程造价专业人才，为我国工程造价咨询企业营造良好的发展环境。

（三）具体措施

（1）落实高校办学自主权，减少外部行政干预

完善教育法制环境，规范政府行为和高校的自主办学行为；政府转变职能，改变对高校的直接管理。探索改变高校校长的选拔机制，最终实现高校的管办分离。

（2）工程造价管理部门推进制度建设，梳理原有制度及条例中与去行政化背景不符的内容。

五、工程造价专业人才发展与高等教育对接战略

（一）目的和意义

服务精细化与业务高端化需要持续性的专业人才供给，为了迎接工

---

❶ 薛世军. 去行政化才能催生创新型人才 [J]. 中国人才，2010 (3)：18-19.

❷ 高黎. 我国高校去行政化问题研究 [D]. 南京：南京工业大学，2012.

程造价专业人才发展给中国工程造价专业高等教育带来的挑战，就需要高等专业教育在工程造价咨询业精细化发展的浪潮中，适时转变教育模式和人才培养方案❶，实施工程造价专业人才发展与高等教育对接战略。高等教育是人才培养和市场需求之间连接和转化的桥梁，协会对于高校课程体系的认证制度是实现这一桥梁的重要环节❷。在高校中实施专业认证制度，不仅有利于整合各个利益相关者力量，建立统一的能力标准体系，对学校实施监控，而且能够保证工程教育人才培养质量的不断提高❸。国外专业认证实施过程中，行业协会独立于政府，具有高度自治性，致力于行业发展，并为专业人士的发展提供能力标准。鉴于此，我国在建立专业认证制度时应当树立一种基于利益相关者共同治理的专业认证理念，建立以专业教育个利益相关者的整体利益最大化为目标、符合公共利益要求的专业教育治理机制❹。

（二）具体战略

在高校工程造价专业构建专业能力测评制度，实施毕业生"双证书"与专业能力测评结合的教学考核制度，有效实现学校的专业评估、认证与职业资格相衔接。

（三）具体措施

逐步完善对开设工程造价专业高校的管理制度，对开设工程造价专业高校设定严格的审核条件，并根据市场需求变化控制工程造价专业学生的招生数量，使得未来工程造价专业人才供给数量与需求数量相互匹

❶　严玲，尹贻林.应用型本科专业认证制度研究[M].北京：清华大学出版社，2013.

❷　尹贻林，白娟.应用型工程造价专业人才培养模式的探索与实践——以天津理工大学为例[J].中国工程科学，2015，17(1)：114-119.

❸　韩晓燕，张海英.专业认证、注册工程师制度与工程技术人才培养[J].高等工程教育研究，2007（4）：38-41.

❹　严玲，戴安娜，闫金芹.应用型本科专业认证制度的实施模式研究[J].复旦教育论坛，2013，11(5)：63-68.

配，避免冗余，提高工程造价专业人才培养质量，使得专业人才更好地满足市场需求。

一方面要根据专业人才层级划分构建适用于应用型本科专业认证考核的能力标准，另一方面应建立完善的专业认证考核程序，制定合理的专业认证管理办法。

第五章　工程造价专业人才培养与发展的目标制定

第一节　工程造价专业人才培养与发展的规模目标

据国家统计局数据显示，在过去的十年间建筑业总产值的增加额呈现持续上升趋势，这使得工程造价行业专业人才的需求数量也呈猛增之势。随着建筑业总产值持续增加和社会对工程造价专业人才的大量需求，我国越来越多的学校开始重视工程造价专业，工程造价专业人才培养日趋标准化、规范化。然而，目前工程造价专业人才培养数量是否与社会需求量相匹配、未来人才供求关系如何，这些都是现阶段进行人才培养时所必须深入了解的问题。

一、工程造价专业人才规模预测逻辑框架

（一）目标选取

近年来，工程造价行业发展迅猛，造价工程师的地位显著提高。目前，我国已拥有造价工程师超过 14 万，但在现状研究中发现，虽然我国有大量专业人才投入到工程造价行业中，但目前工程造价专业人才的供给与需求的匹配问题并没有得到重视，一旦专业人才匹配不合理，将影响工程造价行业的健康发展。本报告选取统计年鉴上的全社会固定资产投资、全社会房屋施工面积、全社会房屋竣工价值、建筑业总产值及建筑

企业签订合同总额等五个数据作为影响因素，将造价工程师确定为研究对象，通过对近些年国家造价工程师数量统计，并结合上述五个因素的数量变化，通过模型预测得出 2014 ~ 2020 年全国造价工程师的需求量。

（二）模型选取

据美国斯坦福研究所统计，目前人才预测的方法多达 150 多种，常用的定量预测模型包括回归模型、时序模型和生产函数模型等❶。对于人才需求预测的模型可分为两类，一类是时间序列法，一类是相关分析法。时间序列法基本上是从人才时序中寻找规律，反映人才的历史趋势；相关分析法通过对历史数据的分析，寻找人才与社会经济的统计关系，因而可以利用确定的社会经济目标来预测人才需求量。这类方法基本上是建立在历史统计数据的基础上，需要丰富的历史数据并且要求数据表现出一定的规律。而工程造价专业人才的需求预测本质上是人才系统的需求预测，人才系统和社会、经济发展的关系非常复杂，这个系统中既包含已知信息、又包含未知信息，可以认为人才系统是一个半明半暗的灰色系统。灰色理论用于预测分析尤其是在历史数据较少且有明显上升趋势时预测精度较高，而工程造价专业人才的需求量的变化受到经济、政策、社会等诸多因素的影响和制约，用诸如线性方法等计算方法的预测值与实际值的误差较大，而用 GM 模型的预测方法就能较好地解决这个问题，并且不需要过多的样本数据，可以弥补历史数据较少的不足。时间序列与相关分析两种方法各有利弊，因此本研究综合使用相关分析与灰色系统 GM（1，1）模型来对工程造价专业人才需求进行预测。

（三）灰色系统预测 GM（1，1）模型构建

构建 GM(1, 1)模型预测工程造价专业人才需求量，原始数据列

---

❶ 周斌. 河北省科技人才开发策略研究 [D]. 天津：河北工业大学，2002.

$x^{(0)}=\{x^{(0)}(1), x^{(0)}(2)\cdots\cdots x^{(0)}(n)\}$，$n$ 为数据个数。根据 $x^{(0)}$ 数据建立 GM(1，1)模型来实现预测功能，具体步骤如下：

（1）原始数据累加以便弱化随机序列的波动性和随机性，得到新数据序列：

$x^{(1)} = \{x^{(1)}(1), x^{(1)}(2), \cdots\cdots, x^{(1)}(n)\}$ 其中，$x^{(1)}(t)$ 中各数据表示对应前几项数据的累加。$x^{(1)}(t)=\sum\limits_{k=1}^{t} x^{(0)}(k)$，$t=1$，2，……，$n$

（2）对 $x^{(1)}(t)$ 建立下述一阶线性微分方程：即 GM(1，1) 模型。

$$\frac{\mathrm{d}x^{(1)}(t)}{\mathrm{d}t}+ax^{(1)}=u$$

其中，a、u 为待定系数，分别称为发展系数和灰色作用量，a 的有效区间是（-2，2），并记 a、u 构成的矩阵为灰参数 $\hat{a}=\begin{pmatrix} a \\ u \end{pmatrix}$。只要求出参数 a、u，就能求出 $x^{(1)}(t)$，进而求出 $x^{(0)}$ 的未来预测值。

（3）对累加生成数据做均值生成 B 与常数项向量 Y_n，即

$$B = \begin{bmatrix} -\dfrac{1}{2}(X^{(1)}(1)+X^{(1)}(2)) & 1 \\ -\dfrac{1}{2}(X^{(1)}(2)+X^{(1)}(3)) & 1 \\ \cdots \\ -\dfrac{1}{2}(X^{(1)}(n-1)+X^{(1)}(n)) & 1 \end{bmatrix}$$

$$Y_n = \begin{bmatrix} x^{(0)}(2) \\ x^{(0)}(3) \\ \cdots \\ x^{(0)}(n) \end{bmatrix}$$

（4）用最小二乘法求解灰参数 $\hat{a}$，则 $\hat{a} = (B^{\mathrm{T}}B)^{-1}B^{\mathrm{T}}Y_n$

（5）将灰参数 $\hat{a}$ 代入 $\dfrac{\mathrm{d}x^{(1)}(t)}{\mathrm{d}t} + ax^{(1)} = u$，并对 $\dfrac{\mathrm{d}x^{(1)}(t)}{\mathrm{d}t} + ax^{(1)} = u$ 进行求解，得

$$\hat{X}^{(1)}(t+1) = (X^{(0)}(1) - \frac{u}{a})e^{-at} + \frac{u}{a}$$

由于 $\hat{a}$ 是通过最小二乘法求出的近似值，所以 $\hat{x}^{(1)}(t+1)$ 是一个近似表达式，为了与原序列 $x^{(1)}(t+1)$ 区分开来，故记为 $\hat{x}^{(1)}(t+1)$。式中 t 为时间序列，可取年、季或月。

（6）对函数表达式 $x^{(1)}(t+1)$ 及 $\hat{x}^{(1)}(t)$ 进行离散，并将二者做差以便还原 $x^{(0)}$ 原序列，得到近似数据序列 $\hat{x}^{(0)}(t+1)$ 为：$\hat{x}^{(0)}(t+1) = \hat{x}^{(1)}(t+1) - \hat{x}^{(1)}(t)$

（7）对建立的灰色模型进行检验，步骤如下：

计算 $x^{(0)}(t)$ 与 $\hat{X}^{(0)}(t)$ 之间的残差 $e^{(0)}(t)$ 和相对误差 $q^{(0)}(t)$：

$$e^{(0)}(t) = x^{(0)}(t) - \hat{x}^{(0)}(t)$$

$$q^{(0)}(t) = e^{(0)}(t)/x^{(0)}(t)$$

由 P 和 C 的值检验 GM（1，1）模型的预测精度，精度等级越小越好，精度一级，表示预测具有较高的精度，精度四级为不通过，模型精度等级由表 5-1 所示。

模型精度等级　　　　　　　　　　　　　　　　　　　表5-1

精度等级	一	二	三	四
P	>0.95	>0.8	>0.7	$\leqslant 0.7$
C	<0.35	<0.5	<0.65	$\geqslant 0.65$

（四）技术路线

本报告在对社会现象进行分析的基础上，提炼出专业人才供求关系这一研究主题，并解构诠释其中的关键因素。在原始数据的基础上，利用灰色系统预测 GM（1，1）模型预测 2014 ~ 2020 年全国工

程造价专业人才需求及供给数量，并对其进行对比分析，最终实现对
2014～2020年工程造价专业人才供求关系的合理预测，具体情况如图
5-1所示。

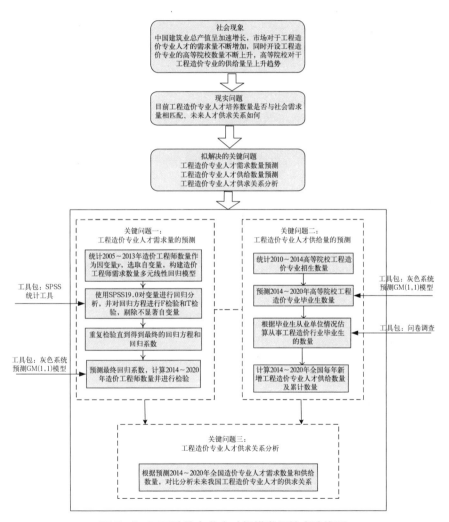

图5-1　工程造价专业人才规模发展技术路线图

二、工程造价专业人才需求数量分析与预测

（一）工程造价专业人才需求数量分析

1. 目前我国工程造价咨询企业对工程造价专业人才的影响

根据住房和城乡建设部、中国建设工程造价管理协会提供的数据可知，截止到 2014 年全国共有 6931 家工程造价咨询企业（实际造价咨询企业应该超过这个数，一部分企业未参加数据统计），比上年增长约2%，较 2013 年增加速度 2.5% 有所减缓。其中，甲级工程造价咨询企业 2774 家，增长 11.6%；乙级造价咨询企业 4157 家，减少 3.5%。近四年工程造价咨询企业的具体情况如图 5-2 所示。

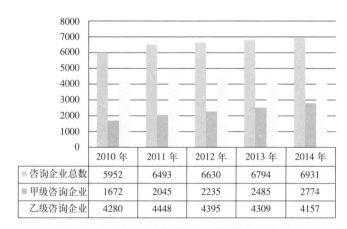

	2010 年	2011 年	2012 年	2013 年	2014 年
咨询企业总数	5952	6493	6630	6794	6931
甲级咨询企业	1672	2045	2235	2485	2774
乙级咨询企业	4280	4448	4395	4309	4157

图 5-2　2010 ～ 2013 年工程造价咨询企业数量

数据来源：住房和城乡建设部 www.mohurd.gov.cn
中国建设工程造价管理协会 www.ceca.org.cn

通过计算分析可知，2011 年、2012 年、2013 年、2014 年的工程造价咨询企业数量分别较其上年增长了 9.1%、2.1%、2.5%、2.01%，增长速度放缓，反映出我国工程造价行业在经历了一个高峰之后，市场渐趋理性。由于国家对于不同等级咨询企业中专业人才数量要求不同，因此咨询企业的数量

发展对我国工程造价专业人才的数量具有非常重要的影响。随着我国工程造价咨询行业的不断发展，工程造价咨询行业的整体水平也得到相应地提高，虽然甲级企业的数量依然少于乙级企业数量，但甲级企业所占比例正逐年上升，反映了我国工程造价咨询企业向更加高层次发展的趋势。相应的我国工程造价专业人才规模上的盲目增加已经不能满足行业发展需求，专业人才的质量有待提高，而且专业人才的供给与需求应该得到重视。

2. 目前工程造价咨询行业从业人员数量情况

截止到 2014 年末，工程造价咨询企业从业人员共有 412591 人，比上年增长 23.3%。其中工程造价咨询企业中共有注册造价工程师 68959 人，比上年增长 5.06%，占全部造价咨询企业从业人员的 16.71%。近五年工程造价咨询企业从业人员数量的具体情况如图 5-3 所示。

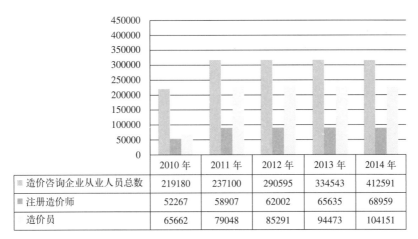

	2010 年	2011 年	2012 年	2013 年	2014 年
■ 造价咨询企业从业人员总数	219180	237100	290595	334543	412591
■ 注册造价师	52267	58907	62002	65635	68959
造价员	65662	79048	85291	94473	104151

图 5-3　造价咨询企业从业人员数量统计

数据来源：住房和城乡建设部 www.mohurd.gov.cn
中国建设工程造价管理协会 www.ceca.org.cn

通过计算分析可知，工程造价咨询企业从业人员中造价工程师、造价员所占比例基本保持不变，造价工程师所占比例在 20% 左右，造价员所占比例在 30% 左右。这些情况表明，造价咨询企业中专业技术人员所占比例较少的情况与工程造价咨询行业的智力型服务特征不符，现阶段造价咨询企业的专业人员整体素质亟待提高，过多的工程造价专业人才的供给会在一定程度上影响供给质量。

（二）造价工程师需求数量预测

1. 工程造价专业人才需求数量影响因素分析

人才的需求预测影响因素不但要考虑经济发展对新增人才的需求，还要考虑社会发展对人才的需要，社会发展对人才的需要。经济发展水平对人才需求主要体现在 GDP 的增长率和固定资产投资的规模、产业结构以及劳动生产率等指标上；社会发展对人才需求的要求主要包含文艺、教育、卫生、科研和党政等 ❶。由于社会需求对工程造价专业人才的需求主要影响的是工程造价专业人才在文艺、教育等方面的需求，本研究中更加关注的是工程造价专业人才所从事的专业工作，因而本研究中对工程造价专业人才的需求预测主要考虑经济发展水平，从工程造价专业人才从事的业务与经济发展的关联性预测其需求规模。

《2014 中国统计年鉴》指出全社会固定资产投资是反映固定资产投资规模、结构和发展速度综合性指标，又是观察工程进度和考核投资效果的重要依据。因此，工程造价专业人才的需求规模必然与全社会固定资产投资额相关。另外，《2014 中国统计年鉴》固定资产投资子项下还有全社会房屋施工面积和全社会房屋竣工价值两个指标与工程造价专业人才的需求规模密切相关。工程造价专业是从建筑工程管理专业上发展起来的新兴学科，因此工程造价专业人才的需求规模必然与建筑业的发展息息相关，建筑业总产值是以货币形式表现的建筑业企业在一定时期

---

❶ 孙晋众，林健. 人才需求预测指标体系及其实证分析 [J]. 沈阳航空工业学院学报 ,2007, 24(01): 92-94.

内生产的建筑业产品和提供服务的总和，包括：建筑工程值、安装工程值以及其他产值。而工程造价专业人才的业务不仅包括算量计价同时包括工程合同的管理工作，因此其需求规模也应与《2014 中国统计年鉴》中建筑业项目下的建筑业签订合同总额相关。

2. 多元数据统计特性分析

当欲同时考察多个变量间的相关关系时，若一一绘制它们间的简单散点图，十分麻烦。此时可利用散点图矩阵来绘制各自变量间的散点图，这样可以快速发现多个变量间的主要相关性，这一点在进行多元线性回归时显得尤为重要。本研究中，我们绘制 2005 ~ 2014 年造价工程师数量因变量 y、全社会固定资产投资额 X_1、全社会房屋施工面积 X_2、全社会房屋竣工价值 X_3、建筑业总产值 X_4、建筑企业签订合同总额 X_5 的散点图矩阵来观察变量间的关系如图 5-4 所示。

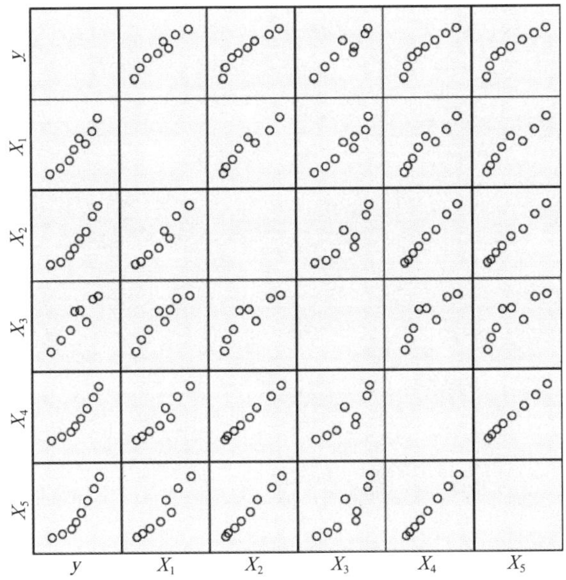

图 5-4　变量矩阵散点图

通过 SPSS 19.0 软件绘制变量的散点矩阵图观察各个变量之间均呈线性关系，因此本研究将采用多元线性回归分析造价工程师需求规模与其他变量间的关系。

3. 工程造价专业人才需求预测步骤

步骤一：选取 2005 ~ 2014 年造价工程师数量因变量 y，选取全社会固定资产投资额 X_1、全社会房屋施工面积 X_2、全社会房屋竣工价值 X_3、建筑业总产值 X_4、建筑企业签订合同总额 X_5 为自变量构建造价工程师需求数量的多元线性回归模型，如表 5-2 所示。

造价工程师需求数量多元回归变量 表5-2

年份	造价工程师人数（人）	全社会固定资产投资（亿元）	全社会房屋施工面积（万 m²）	全社会房屋竣工价值（亿元）	建筑业总产值（亿元）	建筑企业签订合同总额（亿元）
2005	75721	109998.2	431123	212542.2	34552.0968	55946.6764
2006	85905	137323.9	462677	238425.3	41557.158	67193.9747
2007	95084	172828.4	548542	260307	51043.7142	83412.3033
2008	99411	224598.8	632261	302116.5	62036.8061	104241.2852
2009	104536	278121.9	754189.4	304306.1	76807.7416	133529.0317
2010	110722	251683.8	844056.9	278564.5	96031.1338	172604.0679
2011	117126	311485.1	1035518.9	329073.3	117059.6503	210117.3541
2012	122336	374694.7	1167238.4	335503.6	137217.858	247339.5161
2013	131549	446294.1	1336287.4	349895.8	159312.9506	289674.0626

由于造价工程师的数量对于经济变量具有滞后效应，因此我们使用考虑滞后效应的数据作为拟合数据滞后时间 1 年，如表 5-3 所示。

考虑滞后效应的拟合数据　　　　　　　　　　表5-3

年份	造价工程师人数（人）	全社会固定资产投资（亿元）	全社会房屋施工面积（万 m²）	全社会房屋竣工价值（亿元）	建筑业总产值（亿元）	建筑企业签订合同总额（亿元）
2005	85905	109998.2	431123	212542.2	34552.0968	55946.6764
2006	95084	137323.9	462677	238425.3	41557.158	67193.9747
2007	99411	172828.4	548542	260307	51043.7142	83412.3033
2008	104536	224598.8	632261	302116.5	62036.8061	104241.2852
2009	110722	278121.9	754189.4	304306.1	76807.7416	133529.0317
2010	117126	251683.8	844056.9	278564.5	96031.1338	172604.0679
2011	122336	311485.1	1035518.9	329073.3	117059.6503	210117.3541
2012	131549	374694.7	1167238.4	335503.6	137217.858	247339.5161

步骤二：使用 SPSS 19.0 表 1 中的变量进行回归分析，并对回归方程进行 F 检验和 t 检验，剔除不显著自变量。

首先，观察表 5-4 发现 sig=0.01 < 0.05 表明回归方程显著性良好，其次，表 5-6 系数表中 sig 值均不小于 0.05 说明回归系数显著性不好，因此选取 t 绝对值最小的变量进行剔除，第一次剔除 X_5。

Anova[b]　　　　　　　　　　表5-4

模型	平方和	df	均方	F	sig
回归	1.584×10^9	5	3.168×10^8	95.168	0.010[a]
残差	6657735.848	2	3328867.924		
总计	1.591×10^9	7			

系数a 表5-5

模型	非标准化系数		t	sig
	B	标准误差		
1（常量）	86725.554	12968.144	6.688	0.022
X_1	0.078	0.055	1.411	0.294
X_2	− 0.158	0.061	− 2.602	0.121
X_3	0.065	0.077	0.844	0.488
X_4	1.517	1.438	1.055	0.402
X_5	− 0.117	0.720	− 0.163	0.886

步骤三：重复步骤二直到回归方程和回归系数 sig 均小于 0.05 时得到最终的回归方程如表 5-6 和表 5-7 所示。

Anova^b 表5-6

模型	平方和	df	均方	F	sig
回归	1.541×10^9	1	1.541×10^9	185.798	0.000^a
残差	49760436.06	6	8293406.011		
总计	1.591×10^9	7			

系数a 表5-7

模型	非标准化系数		t	sig
	B	标准误差		
1（常量）	77386.593	2488.230	31.101	0.000
X_4	0.402	0.29	13.631	0.000

如表 5-7 和表 5-8 所示，其中回归方程和回归系数均满足显著性检验，最后得到回归方程：

$$y = 77386.593 + 0.402x_4$$

步骤四：使用灰色系统 GM（1，1）模型对建筑业总产值进行预测。

建筑业总产值预测　　　　　　　　　　　　表5-8

年份		2005	2006	2007	2008	2009	2010	2011	2012	2013
建筑业总产值 X_4	实际值	34552.10	41557.16	51043.71	62036.81	76807.74	96031.13	117059.65	137217.86	159312.95
	预测值	34550	44030	53110	64060	77270	93210	112430	135610	163570

步骤五：GM（1，1）模型检验

计算 $x^{(0)}(t)$ 与 $\hat{x}^{(0)}(t)$ 之间的残差 $e^{(0)}(t)$ 和相对误差 $q^{(0)}(t)$：

$$e^{(0)}(t) = x^{(0)}(t) - \hat{x}^{(0)}(t)$$

$$q^{(0)}(t) = e^{(0)}(t)/x^{(0)}(t)$$

由 P 和 C 的值检验 GM（1，1）模型的预测精度，精度等级越小越好，精度一级，表示预测具有较高的精度，精度四级为不通过，模型精度等级由表5-9所示。

模型精度等级　　　　　　　　　　　　　　表5-9

精度等级	一	二	三	四
P	>0.95	>0.8	>0.7	$\leqslant 0.7$
C	<0.35	<0.5	<0.65	$\geqslant 0.65$

建筑业总产值 X_4 模型精度检验。

原始数据均值：$\bar{x}^{(0)} = \dfrac{1}{n}\sum_{i=1}^{n} x^{(0)}(i) = 86179.9$

残差均值：$\bar{e} = \dfrac{1}{n}\sum_{i=1}^{n} e(i) = -246.8$

原始数据标准差：$S_1 = \sqrt{\dfrac{1}{n}\sum_{i=1}^{n}(x^{(0)}(i) - \bar{x}^{(0)})^2} = 43726.84$

预测误差均值：$S_2 = \sqrt{\dfrac{1}{n}\sum_{i=1}^{n}(e(i)-\overline{e})^2}$ =2833.8

方差比：$C = \dfrac{S_2}{S_1}$ =0.06；小误差概率：$P = p(|e(k)-\overline{e}| < 0.6745S_1)$ =1

最后经检验的模型精度为一级，可以对建筑业总产值进行预测。

步骤六：最后得到 2014 ~ 2020 年建筑业总产值的预测值，如表 5-10 所示。

建筑业总产值X_4预测　　　　　　　　　表 5-10

年份	2014	2015	2016	2017	2018	2019	2020
X_4 预测值	177300	217060	237990	246260	277660	307660	346260

步骤七：通过回归方程 y=77386.593+0.402x_4 计算预测出的造价工程师需求数量如表 5-11 所示。

造价工程师需求数量预测　　　　　　　　　表 5-11

年份	2014	2015	2016	2017	2018	2019	2020
造价工程师需求数量	148661	164645	173059	176383	189006	201066	216583

分析表 5-11 发现，我国造价工程师需求数量在 2014 ~ 2020 年总体呈上升趋势，2015 年人数增加最多，仅一年时间增加 15984 人，截止到 2020 年我国造价工程师需求人数预计达到 216583 人。

三、工程造价专业人才供给数量分析与预测

（一）工程造价专业人才供给数量分析

目前国家对基础设施和大型建筑项目投资力度很大，这必将带动建

筑业和房地产业的快速发展，因而需要有一大批较高素质的工程造价人才与之相适应。了解目前普通高校工程造价招生数量不仅可以反映出我国目前工程造价专业人员供给现状，也可以为我国人才培养模式的改革提供依据。通过统计我国工程造价专业人员的供应量分析专业人才规模和结构现状，为日后我国工程造价从业人员培养的相关问题研究提供参考。

1. 目前本科院校工程造价专业招生情况

根据教育部公布的数据，截止到 2015 年 7 月，全国共有 170 所本科院校开设工程造价专业。随着开设工程造价专业学校的增加，建筑市场每年供给的造价人员的数量也随之增加，为充分了解目前工程造价专业人才的供给情况，现对近些年开设工程造价专业的本科院校的招生情况进行统计分析，具体情况如表 5-12 所示。

2010～2015年工程造价本科专业不同批次招生数量　　　　表5-12

批次／年份	2010	2011	2012	2013	2014	2015
一本	169	160	132	188	204	964
二本	1836	2190	2653	4666	6275	8411
三本	1175	1384	1471	3170	5339	5763
合计	3180	3734	4256	8024	11764	15138

注：资料来源：教育部高校招生阳光工程指定平台（指导单位：教育部高校学生司）；各高校官方网站。

由表 5-12 可知，近些年工程造价专业本科生的招生数量逐年增加，每年增加的人数分别为 554 人、522 人、3768 人、3740 人、3374 人，反映出工程造价专业本科生的数量在 2010 ～ 2014 年之间呈增加趋势且增长迅猛。虽然工程造价专业 2015 年本科新增招生人数相对较少，一本学生所占比例依然很少，但二本学生所占比例已经较大，这在一定程度上表明目前我国大部分工程造价专业的供给人员受过良好的学历教育，具备扎实的造价专业知识基础。

2. 目前专科院校工程造价专业招生情况

据统计，截止到 2015 年 7 月，全国共有 630 所专科院校开设工程造价专业，2015 年招生数量为 69432 人，比上年增长了 4.02%，相对 2014 年增速有所放缓。为方便对工程造价人才供需上的分析，避免工程造价方面人力资源的浪费，满足建筑行业对工程造价人员的需求，现对近几年我国高等专科学校的招生数量情况进行统计分析，具体情况如图 5-5 所示。

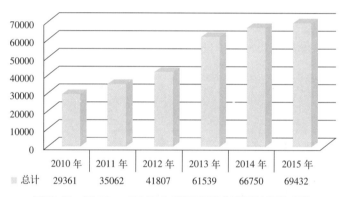

	2010 年	2011 年	2012 年	2013 年	2014 年	2015 年
总计	29361	35062	41807	61539	66750	69432

图 5-5 2010 ～ 2015 年我国高等专科院校招生总数

资料来源：教育部高校招生阳光工程指定平台（指导单位：教育部高校学生司）；各高校官方网站

由图 5-5 可知，2010 ～ 2015 年全国工程造价专科院校的招生数量成增加趋势。虽然近几年建筑行业在政府的推动下迅速发展，工程造价行业成为热门行业，但社会的需求量是否能够满足逐年增长的供给量，未来人才供给量是否可能出现过剩的现象，这都是高校在增设工程造价专业时应该考虑的问题。

（二）工程造价专业人才供给数量预测

1. 全国高校工程造价专业毕业生数量预测

根据 2010 ～ 2015 年招生数量可以得到 2014 ～ 2019 年毕业生的数量，

在此基础上利用GM（1，1）模型预测2020年毕业生的数量（预测步骤同造价咨询企业数量的预测且精确度也符合一级），具体情况如表5-13所示。

表5-13

2014～2020年高校毕业生数量

年份类别	2014	2015	2016	2017	2018	2019	2020
本科	3180	3734	4256	8024	11764	15138	22129
专科	29361	35062	41807	61539	66750	69432	87110

注：本报告假定高校所有的应届生均可顺利毕业，2014～2019年本科校毕业生数量为2010～2015年高校招生数量，2020年本科院校毕业生数量是通过GM（1，1）模型计算出来；2014～2019年专科院校毕业生数量为2010～2015年高校招生数量，2020年专科院校毕业生数量是通过GM（1，1）模型计算出来。

2. 全国高校工程造价专业毕业生目前的从业情况

通过调查可以发现，并不是所有的工程造价专业的毕业生从事与所学专业相关的工作，以天津理工大学毕业生为例，工程造价专业毕业生的就业单位按照不同性质划分为：施工单位、设计单位、造价咨询单位、房地产开发单位、政府（银行）、其他单位等。为使得数据更加真实可靠，明确我国目前高校工程造价专业毕业生的就业去向，本报告选取十家开设工程造价专业的高校为调研对象，通过问卷调查的方式，统计毕业生就业情况，通过汇总计算结果如图5-6所示。

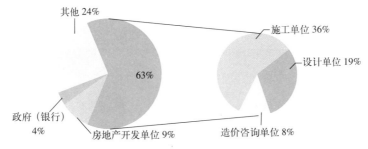

图5-6　全国高校工程造价专业毕业生从业单位抽样分布图

3. 全国工程造价专业人才的供给数量预测

根据 GM (1, 1) 模型预测的 2014 ~ 2020 年全国高校工程造价毕业生数量及通过调查统计的全国高校工程造价专业毕业生就业单位分布情况可以得出 2014 ~ 2020 年全国造价专业人才供给数量，具体情况如表 5-14 所示。

2014～2020年全国工程造价专业人才的供给数量　　　　　　　　　表5-14

年份 批次	2014	2015	2016	2017	2018	2019	2020
本科	1972	2316	2639	4975	7294	9386	13720
专科	18204	21739	25921	38155	41385	43048	54009

由表 5-14 可知，未来一段时间内我国工程造价本科及专科专业人才的供给数量增加幅度较大，专科人才的增加速度远远超过本科人数，仅 7 年时间人数就增加了 35804 人，因此，对工程造价专业人才供求关系的分析与预测成为亟须解决的问题。

四、工程造价专业人才供求关系分析与预测

分析表 5-11 和表 5-14，可知 2014 ~ 2020 年全国造价专业人才的需求数量和供给数量，为了明确未来我国工程造价专业人才培养数量是否与社会需求量相匹配，现对表 5-11 与表 5-14 中的数据进行对比分析可知，虽然工程造价专业人才的需求量与供给量均呈上升趋势，但工程造价专业人才供给量增加的幅度远远超过工程造价专业人才需求量增加的幅度，建筑市场逐渐由供小于求的状态转向供大于求的状态。建筑市场的发展增加了市场对于工程造价专业人才的需求量，但是随着增设工程造价专业高校数量的增加及高校招生人数的增加，市场的供给量逐渐

增多，我国建筑市场的工程造价专业人才已趋近于饱和状态。因此，为贯彻落实国家可持续发展战略，实现人才结构合理化配置，避免人才资源的浪费，国家应控制增设工程造价专业高校的数量及已有工程造价专业高校的招生数量，同时高校在做出增设专业和扩大招生数量等决定之前，应对目前及未来市场的供给关系进行调研分析，确保毕业生可以顺利就业。总之，无论是从本科专科工程造价专业人才培养的增长速度，还是从造价工程师供给量与需求量的比较上看，我国工程造价专业人才在未来将会出现冗余的状况。

第二节 工程造价专业人才培养与发展的能力目标

一、我国工程造价专业人才未来的能力要求

《工程造价行业发展"十二五"规划》中明确提出"着力提升工程造价管理在工程建设事业中的地位和作用"，为进一步推进建设工程造价科学管理提供了理论依据。现代化全过程造价管理要求工程造价专业人才应着眼于建设项目全寿命周期的最大价值，以价款管理为核心，以合同管理为前提，以工程计量与计价为基础，通过不断优化设计提升项目价值或降低项目工程成本，最终实现工程造价的合理控制。同时，要求工程造价管理应以合同方式来管控工程，以及以交易方式来确定工程价格，充分发挥合同在工程造价管理中的前提作用。因此，工程造价专业人才在从事造价工作时，应在计量计价的基础上，适应信息化和以造价管理为核心的多目标管理的发展要求，将工作重心转移到以工程价款为核心的工程造价管理中，最终实现项目价值。

建筑市场和造价咨询行业的发展使得工程造价工作已贯穿于工程建

设的各个阶段，部分工程造价专业人才业务范围得到较大的拓宽，已逐渐由传统的工程计量计价业务发展为工程造价管理，并且贯穿于建设项目的全过程、全要素，甚至项目的全寿命周期。近些年来，工程造价咨询行业发展迅猛，工程造价专业人才的地位显著提高，许多优秀的造价咨询企业为避免发生同质化的发展和低水平的竞争，逐渐形成专业分工的细化和深化。工程造价专业精细化分工一方面为工程造价行业专业人才的发展带来了机遇，有助于工程造价专业人才能力水平的提高，有利于提高工程造价专业人才某一方面的特殊才能；另一方面工程造价专业深层次分工对工程造价专业人才提出更高水平的要求，我国工程造价专业人才应认清自身职能缺陷，加强自身业务学习，不断拓宽自己的业务范围，迎合工程造价行业发展的方向。

本报告在分析和总结国外建筑行业专业人才和我国境内相关专业人才的能力定位情况的前提下，综合考虑中国情境下工程造价专业人才的特殊情况，认为随着建筑行业能力分工的细化和深化，我国工程造价专业人才应根据专业要求不同和自身能力水平差异进行层次等级的划分。主要原因如下：(1) 协会方面。层次等级划分便于工程造价管理协会对工程造价专业人才的管理，有利于开展工程造价专业人才继续教育工作，方便协会对不同层次等级的工程造价专业人才进行学历及能力教育。(2) 企业方面。层次等级划分便于企业依据自身发展需要选择合适等级的工程造价专业人才，有利于企业对员工的管理。(3) 人才自身方面。层次等级划分便于工程造价专业人才对自身进行职能的定位，严格要求自己，完善和补充能力不足之处。由于对工程造价专业人才进行职能定位，造价人才可以依据自身水平的高低和未来发展的目标对自身进行详细的能力发展规划，有助于提高工程造价专业人才专业素质和能力水平。总之，为适应我国建筑工程项目系统化及国际化发展，应对工程造价专业人才进行能力水平等级划分。

二、我国工程造价专业人才能力等级划分方式

（一）方式一：人才称号分类制

相对于国内相关行业协会介入培养专业人士的情况而言，中国在工程造价专业行业协会介入专业人士的培养及管理是比较少的，还处于起步阶段，行业人才建设具体任务及措施不太完善。会计行业作为社会经济监督体系的重要组成部分，是现代服务业的一支重要力量。经过多年努力，特别是大力实施行业人才培养战略以来，行业人才建设工作取得了长足进展，行业人才培养体系基本建立。所以本报告将以会计行业为例，介绍国内相关专业人才划分能力情况。

1. 会计行业专业人员发展目标

我国会计行业人才发展的战略目标是：按照结构优化、专业精湛、道德良好的要求，在行业人才队伍建设上取得质和量的突破，打造一支职业胜任能力和职业道德水平共同提高的会计队伍。会计行业人才建设紧紧围绕国家建设对行业专业服务的需求，深入分析行业人才建设工作现状，借鉴国际经验，优化人才培养体系，创新人才培养机制，积极拓展知识领域，改善知识结构，恪守职业道德，全面提升会计行业人员的专业素质。该行业领域按照结构优化、专业精湛、道德良好的要求，在行业人才队伍建设上取得质和量的突破，打造一支职业胜任能力和职业道德水平共同提高的会计队伍。完善我国会计行业人才选拔、培养、评价、使用机制，为我国会计行业走向国际提供强大的人才资源支撑。会计行业高端人才的发展目标为完善我国会计行业人才相关机制，培养行业领军人才、国际化人物、新业务领域复合型业务骨干等高端人才。

为适应行业未来国家化发展的需求，解决会计行业高层次、国家

化专业队伍建设相对滞后的现象，会计行业提出以行业领军人才和国际化人才培养为重点，以继续教育为基础，以行业后备人才培养为重要补充，构建起分阶段、分层次、点面结合、自主培养与联合培养相结合的人才培养机制。国家自 2005 年 12 月开始启动中国会计领军（后备）人才培养项目，学员平均年龄在 35 岁左右，全部具有本科以上学历，其中 90% 以上具有硕士以上学位，多数人具有境外学习、工作经历，几乎全部具有高级会计师资格或注册会计师资格。2007 年，财政部发布了《全国会计领军（后备）人才培养十年规划》，提出要在全国范围内，有计划地按照企业类、行政事业类、注册会计师类、学术类 4 类，争取用 10 年左右的时间，培养 1000 名左右会计领军人才，担负会计行业的领军重任。各种类型领军人物的具体要求如表 5-15 所示。

四种类型注册会计师领军人物的内容简介 表5-15

类型	原因	职位	能力要求
企业类	适应大中型企业、境内外上市公司加快发展，强化管理对高层次财务会计人才的需求，带动全国企业会计人员整体素质的提高	大中型企业、境内外上市公司的财务负责人	(1) 恪守诚信、敬业爱岗、甘于奉献的道德品质；形成科学系统、结构合理、学养深厚的知识体系； (2) 具备精于理财、善于管理、勇于创新的工作能力； (3) 作出推动发展、促进和谐、壮大行业的社会贡献； (4) 享有社会认同、行业肯定、备受推崇的良好声誉； (5) 实现由执行者向管理者、领导者、决策者的转变
行政事业类	适应我国财政体制改革和事业单位体制改革对高层次会计人才的迫切需要，带动和引导各级重点行政事业单位加强财务管理	行政事业单位或相关重要领域担任财务负责人	
注册会计师类	适应完善社会主义市场经济体制的要求，加快我国注册会计师行业的发展，促进注册会计师业务水平的全面提升，推动会计师事务所做强做大	具备国际资本市场认可的专业资格、具有国际竞争力的注册会计师类会计领军人才	
学术类	适应建立有中国特色和国际影响的会计理论体系的要求，充分发挥理论研究、学科建设对会计改革与发展的理论支持作用	担任学术带头人的学术类会计领军人才	

国家分类型开展会计行业领军人物培训工作主要是为了促进不同类型的领军人物在各自不同领域中积极发挥引领和辐射作用，进而形成全面系统的高端会计人才团队，从而推动我国会计队伍整体素质的全面提成。

2.会计行业专业高端人员等级划分的程序

国家启动中国会计领军（后备）人才培养项目主要目的是保证获得会计执业资格的人具有实际工作的能力并且已经达到了较高的专业水平，它不仅是对申请人的能力评价和考核，还包括对他们的知识评价和培养，是一个完整的培养和考核过程。会计协会通过跟踪考察申请人的实际工作情况，来考察其理论水平和业务素质。同时作为行业协会，会计协会有一定的责任知道从业人员的实际工作，利用专业能力指导他们，帮助从业人员将理论知识应用到实践工作中，真正成为有知识、有能力、有创造力的专业人士。

中国会计领军（后备）人才学员选拔按照"高起点、高标准、高质量"的要求，分别4类人才，以公开、公平、公正的方式，从全国在职的高层次会计人员、注册会计师、会计理论工作者中，挑选诚实守信、年富力强、潜力较大的人员进行培养，一般每1～2年选拔一次。学员选拔应当经过申报、笔试、面试等程序，重点考察申请人的知识结构、专业素养、外语水平、分析创新能力、政策把握能力、组织协调能力、交际沟通能力、应变能力等素质。申报学员应满足以下条件：

（1）遵守《中华人民共和国会计法》等相关法律法规，诚实守信。

（2）在中央管理企业（含中央管理金融企业，下同）和省属大型企业担任分管财务的企业负责人、财务部门主要领导及其后备人员，或在上市公司中担任总会计师，并具有开拓创新意识和较强的组织协调能力、分析研究能力。

（3）具有经济管理类专业大学本科以上学历，有较高的政策水平和较丰富的财务工作经验，从事财务会计工作 5 年以上；具有高级会计师职称或通过高级会计师资格考评结合考试国家合格标准。

（4）具有较高的英语水平，能够运用英语进行听、说、读、写。

（5）年龄不超过 45 周岁，身体健康。

笔试环节采取"统一命题、统一考试、闭卷作答、统一评阅"的方式；面试环节采取结构化面试等方式。培训管理部门根据考生选拔成绩，按照从高到低的顺序，择优录取培训班学员。培训班学员确定后，协会将会对学院按照专业发展方向不同采取不同的方式培训学员。全国会计领军（后备）人才培训班的培训周期为 6 年，分为集中培训和跟踪管理 2 个部分，跟踪培训实行在职学习、实践考核与跟踪培训相结合。培训将引入淘汰机制，分为 3 个考核周期，实施定期淘汰。取得全国会计领军（后备）人才培训证书者，将择优聘任为财政部会计准则、内部控制标准咨询专家组成员。具体培养方式如图 5-7 所示。

综上可知，会计行业紧紧围绕国家建设对行业专业服务的需求，通过深入分析目前我国会计行业人才工作现状，借鉴国外经验，创新人才培养机制，着力全面提升会计行业人员的专业素质。通过会计行业领军人才后备队伍选拔测试筛选出素质水平高、业务能力强的高端人才，并试图通过集中培训和跟踪管理将高端人才进一步划分为领军人才、国际化人物和新业务领域复合型业务骨干三个层次。

（二）方式二：会员等级划分制

随着我国建筑工程造价管理逐步与国际惯例接轨，我国工程造价行业正逐步走向市场化、国际化和规范化的道路。由于国外的造价行业发展较早，服务理念与管理经验都较为先进，对于工程造价专业人才的职能定位也较为清楚，因此在把握海外市场开拓带给我国工程造价专业人

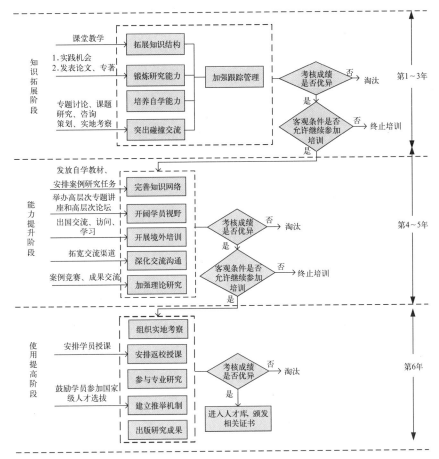

图 5-7　会计行业领军人物培训过程

才的机遇的基础上，我们应学习和借鉴国外工程造价专业人才的职能要求，完善与补充我国工程造价专业人才的不足，更好地迎接海外市场带给我们的挑战。在英国，从事工程造价行业的专业人士是工料测量师。由于英国是最早形成建筑产业的国家，英国建筑领域的各行业已经发展成熟，对专业人士的管理也已逐步趋于完善。所以本报告以英国工料测量师为例介绍国外工程造价专业人才的能力划分情况。

英国工料测量师被誉为建筑队伍的财务经理，是建筑队伍中关键的专业人员，在资产管理领域中显现出越来越重要的地位。对于工料测量师而言，既要具备广泛的、全面的、多学科交义的专业知识，又要具有高尚的职业道德品质，只有这样才能保证他们能够站在客户的立场去选用和管理各种必需的资源，从而使得整个建设项目圆满完成。这便对工料测量师的知识、能力和职业操守都提出了很高的要求。因此，实行严格的专业人员认可制度，从而确保执业人员的整体素质。

1. 会员资格分类

在英国，对工料测量师的职业资格认可工作是由英国皇家特许测量师学会（RICS）全权负责的。皇家特许测量师学会采用将会员资格和执业资格合一的方法进行管理，从业人员要想获得执业资格，必须满足皇家特许测量师学会的入会标准并经过一定时间的专业实践培训，经考核合格后，成为皇家特许测量师学会的正式会员即具有了执业资格，可以独立从事工料测量师的各项工作。英国工料测量师的会员资格分类具体情况如表5-16所示。

英国皇家特许测量师学会会员等级设置情况　　　　　　　　　表5-16

会员等级	会员分类	会员头衔	会员职务
培训级会员	学生会员、技术练习生、测量练习生		
技术级会员	技术员会员	TechRICS	一般作为特许测量师的助理，从事测量工作
专业级会员	专业会员	MRICS	具有独立的执业资格，可以承揽有关业务，签署关于估算、概算、预算、决算文件
	资深会员	FRICS	
荣誉级会员	荣誉会员	HonRICS	

由表5-16比较可以看出，英国皇家特许测量师学会的会员设置是按荣誉级会员、专业级会员、技术级会员和培训级会员四种等级设

置。其中培训级会员主要指在校的学生会员和见习会员，技术级会员指RICS、AIQS、HKIS 设置的技术会员，专业级会员主要指行业协会的正式会员和资深会员，荣誉级会员指行业协会具有较高地位和影响力的荣誉会员。会员等级和资格的多样化设置有利于扩大行业协会的影响，将各层次工料测量专业人士组织起来进行专门管理，规范和壮大工料测量师队伍，同时也通过会员层次等级的划分促进工料测量师素质的提高。

2. 入会途径

皇家特许测量师学会（RICS）对工料测量师的执业资格从专业知识和职业能力两个方面进行严格的审核和考核，确保申请人必须达到两项基本要求：一是学业资历，一般要获得英国特许测量师学会认可的相关专业的学位和文凭；二是要通过皇家特许测量师学会组织的专业能力评估测试（Assessment of Professional Competence，APC）评估合格者才能最终成为工料测量师。根据申请者的教育背景和工作经验的不同情况，皇家特许测量师学会为申请者提供了成为正式会员的不同途径，其中成为 RICS 会员的途径有毕业生途径、学术途径、和专家途径三种。此外 RICS 各类会员之间可以互相转换，例如学生会员毕业后可以通过专业能力评估（APC）成为正式会员，获得工料测量师的称号，而特许工料测量师满足一定条件后即可申请成为资深工料测量师，具体情况如图 5-8 所示。

（三）两种方式的深入分析

1. 方案对比

为了完善工程造价专业人才培训体系，规范高校相关专业的教育标准，进一步扩大继续教育对工程造价专业人才的影响，提升工程造价专业人才的能力素质，培养高层次、国际化的专业人才，本报告现对已经提出的两种人才能力划分标准体系进行对比和分析，具体情况如表 5-17 所示。

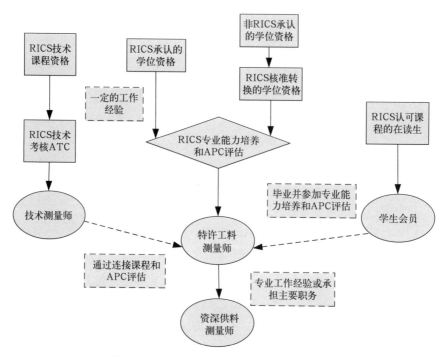

图 5-8 RICS 入会途径及会员间转换关系

两种类型工程造价人才层级划分对比表 表5-17

类型 比较项	会员等级划分制 （参照英国工料测量师）	人才称号分类制 （参照会计行业专业人才）
人才分类	培训级、技术级、专业级、荣誉级	领军人才、国际化人物、业务骨干
职业内容	专业能力（基本、核心、发展）	领域（企业、行政事业、注册会计师、学术）
分类标准	能力是否达标（学历、工作经验、证书）	培养考核结果是否合格
协会主要作用	审核申请人的各项指标	培训人才后备队伍
优点	1. 能力标准划分为不同级别 2. 对执业会员实施分级管理 3. 重视执业人员沟通能力 4. 重视会员实践能力考核	1. 构建分阶段、分层次、点面结合的人才培养机制 2. 采取培训与考核相结合的机制 3. 分领域集中培养和联合培养相结合

通过比较可知，英国工料测量师的会员等级划分制度是英国行业协会代表政府对相关从业人员进行资格准入和认可，并对整个行业人才进行管理监督的一种制度。英国工料测量师在通过行业协会认可，获得相应等级的会员资质后，才可以开展对应的专业业务。随后，英国工料测量师通过教育和实践来提升自己的学习水平或执业能力，达到相应等级会员的要求后向行业学会提出会员申请，行业学会通过相关标准规定对申请人进行审核，符合要求的申请人则成为相应等级会员。而会计行业通过推广和创新行业领军人才培养模式，鼓励地方开展高端人才培养工程，建立梯次化行业人才培养体系。首先是以继续教育为基础通过选拔性考试或行业推荐等方式从专业人员中选取较为优秀的人才作为后备队伍，然后通过培训和审核的方式对后备队伍进行筛选，最后将学员审核情况与各层级人才能力要求进行对比，逐级划分专业人才。

2. 等级划分制度的建立

通过对比英国工料测量师会员等级划分制与我国会计行业人才称号分类制可知：英国会员等级制度是行业协会通过审核工料测量师的工作实践经历、职位等确定人才会员等级水平，强调行业协会对专业人才的管理；而注册会计师人才称号制度则通过构建相对完善的分阶段、分层次的专业人才能力培养机制强调不同层级专业人才的能力标准。由于会员等级制度与人才称号分类制的侧重点不同，能力标准体系构建与行业协会对个人管理制度存在一定差别，而且考虑我国工程造价专业人才的特殊情况，所以不可能将两种人才等级划分方式照搬照抄，本研究现将对我国工程造价专业人才的执业现状和未来的能力发展目标进行归纳分析，以便于选择适合我国国情的人才等级划分方式，具体情况如表5-18所示。

我国工程造价专业人才的独特情况 表5-18

影响因素	现实情况	我国工程造价专业人才面临的特殊情况
历史背景	管理体制	行业规范不完善
	经济制度	中国特色社会主义市场经济体制
历史背景	政府定位	政府参与相关造价行业相关管理，监管力度较强
	法律法规	相关法律法规未进行细化规定
行业背景	认证制度	形式单调，内容不全面
	高校培养模式	各高校专业设置不统一，缺乏相应的能力评估和技术评估体系
	继续教育制度	形式单一，内容简单
人才职能定位	职能范围	工作重心转移，业务范围延伸，涉及要素拓展
	海外市场	工作范围扩大，能力水平提高
	信息技术	思维模式转变，工作方式转变，专业能力转变

通过表5-18可知，我国工程造价咨询行业海外市场拓展现状以及现有宏观环境变化对我国工程造价专业人才的能力水平提出了更高的要求，工程造价专业人才的工作重心由传统的计量计价为核心的全过程工程造价逐步转向以工程造价管理为核心的项目管理。因此为了适应现阶段工程造价咨询企业对工程造价专业人才能力需求，必须对工程造价专业人才进行分级分层培养与管理，确定专业人才各层级能力标准体系，并以此为依据设置学历教育的课程体系和培养方案，规范和细化执业教育，完善继续教育培训形式和内容，从根本上建立以能力标准为核心的工程造价专业人才的培养体系。

通过比较分析，本研究认为我国工程造价专业人才不同层级的能力标准体系的构建适宜采用人才称号分类制。原因包括：

（1）会计行业发展较早，人才管理体系较为完善，业务划分较为精细，相关规章制度制定较为完整，而且工程造价专业人才和会计行业专业人才的特点具有以下共同点：一是两种行业专业人才资格获取均是通过资格证书考试；二是两种行业专业人才资质主要分为两类，其中工程造价专业人才主要分为造价员与造价工程师两种，会计行业专业人员主要分为普通会计从业人员和会计师两种；三是面临经济社会发展对两种行业专业人才均提出更高要求，专业人才执业范围要向新的业务领域拓宽，以满足行业多元化发展的需要。

（2）一方面随着我国人才基础理论不断创新，在人才功能理论基础上我国工程造价专业人才的社会发展功能、经济驱动功能和社会需求及服务状况成为提高我国行业核心竞争力的重要因素❶，近些年来我国为实施人才强国战略采取了多项人才工程计划，旨在为国家经济发展给予更有效的保障，具体人才计划如表5-19所示。

我国人才工程（计划）情况表　　　　　　表5-19

时间	牵头部门	人才工程	人才分层	总体目标
1994 年	人力资源与社会保障部门	新世纪百千万人才工程	培养百名45岁左右能进入世界科技前沿，在世界科技界享有盛誉的学术和技术带头人	到20世纪末，在国民经济和社会发展影响重大的自然科学和社会科学领域，造就一批不同层次的跨世纪学术和技术带头人及后备人选（本计划强调培养而不是选拔）
			培养千名45岁以下具有国内先进水平，保持学科优势的学术和技术带头人	
			培养万名30～45岁在各学科领域里有较高学术造诣、成绩显著、起骨干或核心作用的学术和技术带头人后备人选	
2004 年	教育部	高等学校高层次创造性人才计划实施方案	长江学者和创新团队发展计划	培养具有国际领先水平学科带头人以及具有创新能力和发展潜力的青年学术带头人和学术骨干，带动高校教师队伍整体素质的提升
			新世纪优秀人才支持计划	
			青年骨干教师培养计划	

---

❶ 桂昭明.中国人才理论创新的发展趋势[J].第一资源,2011(4):1-16.

续表

时间	牵头部门	人才工程	人才分层	总体目标
2012 年	中共中央组织部	国家高层次人才特殊支持计划（简称"万人计划"）	杰出人才	从 2012 年起用 10 年左右时间，遴选自然科学、工程技术、哲学社会科学和高等教育领域的杰出人才、领军人才和青年拔尖人才，形成与引进海外高层次人才计划相互补充、相互衔接的国内高层次创新创业人才队伍开发体系
			领军人才	
			青年拔尖人才	

由表 5-19 可知，我国 21 世纪以来各行各业积极推进多项人才发展工程（计划），分批分层次培养行业中杰出人才、领军人才，充分发挥行业带头人的辐射作用，引领行业更好发展。因此我国工程造价专业人才能力标准的结构层级应该与我国加强行业领军人才培养的社会需求相互适应。

（3）我国工程造价专业人才执业环境更加强调以工程造价咨询公司为代表的团队工作概念，"7S"管理理论强调了人才和技能在提高团队绩效时的重要作用，领军人才通过领导和影响组织认知过程提高团队绩效❶。

综上所述，本报告认为我国工程造价专业人才的培养与能力发展目标可采用人才称号分类制将工程造价专业人才依据不同的职能要求划分为基础人才、骨干人才和领军人才三个层次，并逐渐形成以行业领军人物与骨干人才培养为重点，以造价工程师继续教育为基础，以行业基础人才培养作为补充，分阶段、分层次等人才培养机制。同时以行业协会为依托，发展会员、高级会员、资深会员、荣誉会员，并建立两种划分方式的联系。

3. 能力标准的三维坐标关系

根据我国工程造价专业人才业务范围可以将基础人才、骨干人才和

---

❶ Stephen J.Zaccare, Andrea L.Rittman, Michelle A.Mark. Team Leadership [J].The Leadership Quarterly. 2001(12):451-483.

领军人才的能力标准划分按时间、高度和广度三个维度展开：其中根据专业人才业务范围的时间发展，能力标准的时间维度沿着项目生命周期展开，分为实施阶段，全过程造价和全生命周期造价；根据专业人才业务范围的高度发展，能力标准的时间维度沿着工程造价的服务水平展开，分为计量计价、价款管理和项目财务分析三个阶段；根据专业人才业务范围的广度发展，能力标准沿着工程的不同专业展开，分为房屋建筑工程、市政、安装等其他工程和国际上复杂的工程，具体的工程造价专业人才能力标准三维坐标体系如图 5-9 所示。

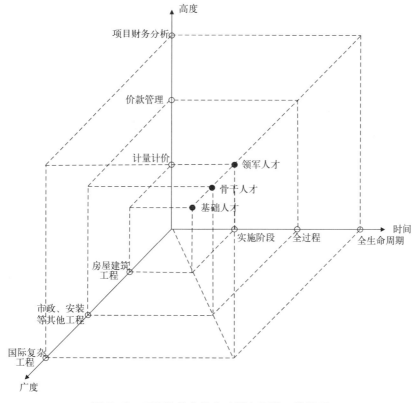

图 5-9 工程造价专业人才能力标准三维关系

由图 5-9 可知，我国工程造价专业人才的能力标准三维坐标关系与各层级专业人才能够形成对应关系。基础人才能够从事项目实施阶段房屋建筑工程的计量计价工作；骨干人才能够从事全过程包括房屋建筑工程、市政及安装等其他工程的价款管理工作；领军人才能够从事全生命周期的国际复杂工程的项目财务分析等工作。

三、工程造价行业能力划分标准体系

（一）我国工程造价专业人才能力要求

相对比于会计行业而言，我国工程造价专业行业协会介入专业人士的培养管理还是相对较少，目前还处于起步阶段。根据中国工程造价专业人才的工作单位、执业范围、主要工作内容和服务对象，参照会计行业人员发展等级划分情况，按照造价行业人才的能力框架和素质要求，列出不同类型工程造价专业人才能力标准体系表，具体情况如表 5-20 所示。

三种类型工程造价专业人才的能力标准体系表　　　　　　　表5-20

序号	类型	能力要求	职位
1	企业类	适应大中型企业加快发展、强化管理对高层次工程造价人才的需求，带动全国建筑企业工程造价人员整体素质的提高	具备国际建筑市场认可的专业资格、具有国际竞争力的工程造价领军人才
2	行政事业类	适应我国财政体制改革和事业单位体制改革对高层次造价人才的迫切需要，带动和引导各级重点行政事业单位加强工程管理	行政事业单位或相关重要领域担任工程负责人
3	学术类	适应建立有中国特色和国际影响的造价理论体系的要求，充分发挥理论研究、学科建设对造价改革与发展的理论支持作用	担任学术带头人的学术类工程造价领军人才

采取"分类培养，两核打造"模式培养各类型工程造价专业人才有助于打造一支适应我国经济社会全面持续健康发展和工程造价事业

国际发展的人才队伍，促进我国工程造价行业人才整体素质的全面提升，为推动经济社会和造价事业发展提供充足的人才储备和强大的智力支持。

（二）我国工程造价专业人才等级划分

1. 人才称号分类制

目前在我国建筑行业中，从事工程造价的人员主要是造价工程师（土建、安装）及造价员（土建、安装、市政等）。其中造价工程师的业务水平和职业素质较高，在相关实际工作中能够较好完成该项业务的要求，成为工程造价领域中的主要执行者。本报告结合我国工程造价行业的具体情况，综合分析上述对中国造价行业从业人员的能力要求及层次划分情况，认为可将我国工程造价专业人才划分为三个层级即基础人才、骨干人才和领军人才，以满足职业生涯不同阶段目标规划的需要。由于不同等级的工程造价专业人才的职责权利不同，结合工程造价能力标准体系表，最终形成各层次人员能力匹配表，具体情况如表5-21所示。

本报告配合三层次的能力结构，可以在现有的工程造价专业人员体系的基础上，建立包括基础人才、骨干人才和领军人才的造价专业人才层次结构，以满足职业生涯不同阶段目标规划的需要。工程造价各层次、各类型专业人才都应当具有恪守诚信、敬业爱岗、甘于奉献的道德品质；形成科学系统、结构合理、学养深厚的知识体系；具备精于理财、善于管理、勇于创新的工作能力；推动发展、促进和谐、壮大行业的社会贡献；享有社会认同、行业肯定、备受推崇的良好声誉。这些专业人才应当积极强化组织内部管理，在各自方位提高资源配置效率，推进工程造价理论和实务创新，塑造工程造价行业民族品牌，推进造价事业国际化发展，进而形成具有引领和辐射作用的高端工程

各层次工程造价专业人才的能力匹配表　　　　表5-21

能力层次＼类型	企业类	行政事业类	学术类
基础人才	1. 具备算量、计价能力 2. 工程造价分析、控制能力 3. 掌握各项定额、取费标准组成和计算方法 4. 招投标文件编制能力 5. 基础识图和理论与施工现场情况有效运用能力	1. 具备基本的算量、计价能力 2. 掌握并熟悉各项定额、取费标准的组成和计算方法 3. 收集、存储、分析已完成工程造价资料，建立数据库	1. 具备算量、计价能力 2. 熟悉和掌握各种技术、经济及法律法规知识基础 3. 具有良好的人际关系和项目沟通能力
骨干人才	1. 具有项目全过程造价管理，协调各参与方关系及解决问题能力 2. 具有项目全要素造价管理，分配各要素能力 3. 具有以约定、调整和支付为核心合同价款管理能力 4. 具有相关法律法规、国家政策及行业标准应用能力	1. 制订工程造价管理制度 2. 制订并管理工程建设的概预算定额和估算指标 3. 制订并组织实施工程造价咨询行业的行规约，建立和完善工程造价行业自律机制 4. 监督管理工程造价咨询单位	1. 熟悉和掌握项目全寿命周期管理、价值管理、项目集成化管理及项目价值管理 2. 巩固和加深对工程计价学理论、方法和实现技术的理论，避免理论学习和实践的脱节 3. 引导学生主动思考和探索，培养学生运用所学理论知识解决实际问题
领军人才	1. 具有项目融资操作能力 2. 具有项目价值、风险管理能力 3. 具有项目前期决策及解决工程经济纠纷鉴定能力 4. 协调各层次人员之间的关系 5. 掌握新型信息化技术，如BIM技术、大数据、O2O思维等 6. 熟悉并掌握建筑领域的先进的管理模式，例如PPP模式、EPC模式	1. 制订有关工程造价管理规范性文件，并组织实施 2. 掌握材料设备价格信息，预测价格上涨系数及发布结算价格指数 3. 制订和补充管理实施细则，逐步完善工程造价全过程管理 4. 负责建设工程造价定额解释工作，协助司法部门调处工程造价纠纷案件 5. 协调会员和行业内外关系，开展业务交流	1. 投资与造价管理综合能力 2. 掌握和熟悉国家宏观政策、行业热点 3. "双师型"（教师和造价工程师） 4. 组织课堂讲座和校外实践教学

造价人才团队。

2. 会员等级划分制

个人会员包括普通会员（非执业会员、执业会员）、资深会员和名誉会员。会员享有规定的权利，履行相应的义务。

（1）普通会员

1）执业会员：已取得《造价工程师注册证书》的人员。

2）非执业会员：①已取得《造价工程师执业资格证书》，但未取得《造价工程师注册证书》的人员；②取得《全国建设工程造价员资格证书》的人员；③具有其他执业或职业资格，并从事工程造价工作的专业人员。

（2）资深会员

取得造价工程师资格10年以上，并具有高级职称，同时具备下列条件之一的：

1）行业内有一定贡献的工程造价咨询企业负责人或技术负责人；

2）工作业绩显著，在行业内具有较高声望的专家；

3）具备较强的理论研究能力或管理能力，为行业发展和本会建设做出较大贡献的专业人士。

（3）名誉会员：对中国工程造价行业做出重大贡献的境内、外著名专业人士。

第三篇

工程造价专业人才培养与发展战略培养体系

第六章　我国工程造价专业人才学历教育研究

第一节 我国工程造价专业人才学历教育现状分析

一、普通高校数量及招生数量情况

（一）开设工程造价专业本科院校数量统计

近几年，随着建筑行业和房地产业的快速发展，对工程造价专业毕业生的需求量也逐年增加。因此我国越来越重视工程造价专业，越来越多的普通高校开设工程造价专业，培养更多的工程造价专业人才以适应社会发展需要。开设工程造价专业本科院校数量统计如图6-1。

图6-1可以明显看出开设工程造价本科专业的院校呈逐年上升趋势，截止到2015年7月已经达到了172所。2003～2012年间增长速度较慢，而2013～2015年的本科院校数量增加速度明显加快。其中2013年增加了52所，2014年增加了46所，2015年增加了32所。虽然随着建筑市场的快速发展和造价咨询（截止到2013年我国造价咨询企业已经达到6794所❶）、项目管理等相关市场的不断扩大，建筑从业人员需求量与日俱增，但是开设工程造价院校的数量过多可能会造成未

---

❶ 资料来源：住房和城乡建设部 www.mohurd.gov.cn。

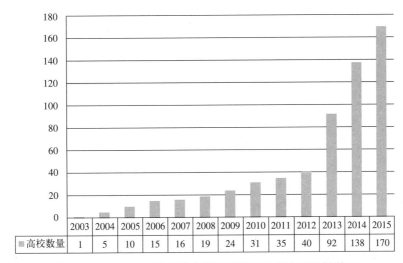

	2003	2004	2005	2006	2007	2008	2009	2010	2011	2012	2013	2014	2015
高校数量	1	5	10	15	16	19	24	31	35	40	92	138	170

图 6-1　2003～2014 年开设工程造价本科专业院校数量

数据来源:中华人民共和国教育部 www.moe.edu.cn

来人才供给过剩,也会影响我国工程造价行业的发展。

(二)工程造价专业专科院校数量在各地区所占比例

随着建筑市场的快速发展和造价咨询、项目管理等相关市场的不断扩大,社会各行业如房地产公司、建筑安装企业、咨询公司等对造价人才的需求不断增加,建筑从业人员的需求量与日俱增(截止到 2014 年,工程造价咨询企业从业人员的数量多达 412591 人❶)。工程造价专业正是顺应了这一要求,为满足建筑市场对人才的需求,我国根据建筑业在不同地区的发展程度相应开设了工程造价专科院校。截止到 2015 年 7 月,我国开设工程造价专业的专科院校数量为 658 所,各省市的数量分布情况见图 6-2,开设工程造价专业的专科院校在七大区分布情况所占比重如图 6-3。

---

❶　资料来源:住房和城乡建设部 www.mohurd.gov.cn,中国建设工程造价管理协会 www.ceca.org.cn。

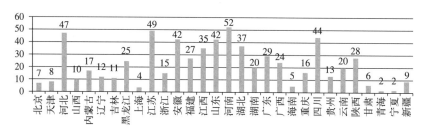

图6-2 工程造价专业专科院校在各省市的分布情况

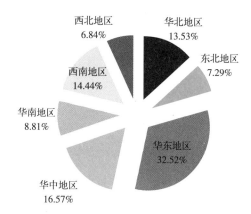

图6-3 2015年我国开设工程造价专业专科学校在七大区所占比重

资料来源:教育部高校招生阳光工程指定平台(指导单位:教育部高校学生司);各高校官方网站

从图6-2可以看到,四川、河北、河南、山东、江苏、安徽等省份的高校数量较多,均超过了40所,其中部分院校工程造价专业设置时间较长,综合学习建筑工程技术与经济管理知识,专业应用性强,就业面广。由图6-3我们可以看到,就学校数量来看华东地区最多,比重多达32.52%;华中地区居第二位,所占比重达到16.57%;西南地区居第三位,所占比重为14.44%,而其他地区所占比重较低,这说明东部地区工程造价专业人才供应量很大,而中西部地区相对较少。同时说明了东部地区的建筑行业发展较中西部发达。随着中、西部地区对建筑行业的产业结构的不断调整,及国家对中、西部地区经济发展的支持，该地区未来对工程造价人才需求量必将增加，这样的院校分布现状可能会造成区域分布不匹配的情况，影响中西部地区建筑市场发展。

二、本科院校工程造价专业招生数量统计

近几年来开设工程造价专业的本科院校越来越多，截止到 2015 年 7 月已经达到 170 所，根据统计数据可以看出 2015 年招生量已经突破一万五千人，历年最高，但各高校工程造价专业招生量在地区分布上有很大差别，近五年中国七大地区工程造价招生数量汇总如表 6-1。

2010-2015年本科院校分地区招生数量统计（单位：人）　　　　　表6-1

地区/年份	2010 年	2011 年	2012 年	2013 年	2014 年	2015 年
东北	536	570	616	970	1462	1540
华南	0	60	100	266	696	919
西北	149	140	162	710	1263	1381
华中	465	480	601	1171	1698	2661
西南	1351	1502	1801	2830	3207	3838
华北	420	424	479	900	974	1188
华东	280	433	475	1062	2241	3611

注：资料来源：教育部高校招生阳光工程指定平台（指导单位：教育部高校学生司）；各高校官方网站。

由表 6-1 可以看出我国工程造价本科招生数量主要集中于西南地区，并且每年增长速度较快；而华南地区招生数量相对较少；华东地区虽然在 2010 年、2011 年招生人数较少，但随后几年人数增加较快；东北、西北和华北地区也有不同程度的增加。

三、本科院校工程造价专业课程体系设置

（一）我国本科院校的工程造价专业人才培养方案

随着工程造价专业 2012 年进入国家教育部"普通高等学校本科专业目录"❶,工程造价专业的高等教育获得新的历史机遇。工程造价本科专业致力于应用型人才培养，注重在校期间使学生获得分析和解决实际问题的能力。按照英国及亚太地区工料测量专业认证能力标准的设置机理，根据工程造价行业及其协会的要求，工程造价专业能力标准包括以识图算量为代表的基本能力、以招投标与合同管理为代表的核心能力和以投融资管理为代表的发展能力。

我国本科院校工程造价专业在人才培养方面突出"三强一新"的特色，即实践能力强、工程意识强、工作适应性强及创新能力的特色。注重培养学生对工程造价方面的基本理论、方法的理解和掌握，同时将土木工程技术和工程技术经济有机地紧密结合，培养既懂工程技术，又懂经济管理的人才，能有效确定和控制建设项目各阶段的工程造价，把握建设项目的经济命脉，从而有效实现建设项目全过程造价管理的目标。

培养目标:工程造价专业培养适应社会主义现代化建设需要,德、智、体等方面全面发展，掌握建设工程领域的基本技术知识，掌握与工程造价管理相关的管理、经济和法律等基础知识，具有较高的科学文化素养、专业综合素质与能力，具有正确的人生观和价值观，具有良好的思想品德和职业道德、创新精神和国际视野，全面获得工程师基本训练，能够在建设工程领域从事工程建设全过程造价管理的高级专门人才。

---

❶ 中国新闻网.《普通高等学校本科基本专业目录（2012 年）》（附目录）[EB/OL]. http://www.chinanews.com/edu/2012/10-12/4242463.shtml.2012-11-5.

（二）我国本科院校工程造价专业的课程体系

我国设立工程造价专业的各高校对于公共基础课（如数学、人文类课程）及计算机与外语的设置相差无几，而建设工程技术基础类、工程造价管理理论与方法类、经济与财务管理类、法律法规与合同管理类、工程造价信息化技术类五大平台课程的设置相对差别较大，故此仅对上述知识模块课程的设置情况对比，通过对比分析发现，我国开设工程造价专业的本科院校课程设置存在以下特点：这9所学校在工程技术课程上的设置比较集中，在某些方向课程上的设置具有一定的独特性，但是课程的重叠比较大。对于经济与管理类的课程设置则更为分散，这也一定程度上反映了该专业的特点。工程造价专业随着社会经济发展所涵盖的范围越来越广，但它的工程技术的基础是无可取代的。在重视工程技术教育的基础上，对于管理和经济类课程的选修课结合各校自身特点有所侧重。

根据所调研学校的课程设置状况，我们发现目前我国开设工程造价专业的本科院校在课程设置上大体涵盖工程技术类、管理类、经济类、法律类和信息化类的课程，但由于历史和各校特点的原因，技术类课程最多，管理类其次，但经济与财务管理类、法律和合同管理类，尤其是信息化技术类课程明显偏少，这体现出目前各高校的培养方案制定仍然没有完全适合目前工程造价行业发展的需要，有一定的滞后性。

四、我国工程造价高等教育及专业认证

（一）本科认证制度的概念

应用型本科教育始见于20世纪六七十年代的欧美国家[1]，在新加坡、我国的台湾也都已具有相当的规模。我国则在20世纪90年代末才开始

---

[1]　陈小虎，吴中江，李建启.新建应用型本科院校的特征及发展思考[J].中国大学教学,2010(6):4-6.

普遍关注。在中国高等教育体系中，工程造价本科教育是有别于研究型本科教育和高职高专教育的高等教育类型。研究型本科教育以精英教育为主，以学科发展、知识创新为重要使命，主要是学术型的人才培养模式。高职高专教育以培养对应于岗位的各类技能型人才为主，主要是技能型的人才培养模式❶。而工程造价本科教育以培养各技术领域的专门人才为主，是强调应用人才基础上的专才教育。

（二）工程造价专业认证制度

工程造价专业认证制度是以英国及亚太地区工料测量专业认证制度为标杆，以工程造价相关行业协会为认证主体，通过工程造价专业能力标准为准则，对高等教育的工程造价专业课程实施专业认证，强调通过高校和行业市场的合作来共同促进高校的人才输出和行业市场的需求相匹配 ❷~❹。

第二节　我国工程造价专业人才学历教育与国外的比较分析

一、我国工程造价专业人才学历教育的基本特点

（一）强调工程造价的全过程

我国工程造价体系的培养目标非常的明确，就是培养造价工程师。因而课程体系在设置和实施的过程中，强调了工程造价的全过程，对于

---

❶ 钱国英，徐立清，应雄．高等教育转型与应用型本科人才培养 [M]．杭州：浙江大学出版社，2007.

❷ 孙春玲，尹贻林．工程管理专业人才终身教育模式研究 [J]．高等工程教育研究，2008（2）：141-144.

❸ 严玲，尹贻林，柯洪．工程造价能力标准体系与专业课程体系设置研究 [J]．高等工程教育研究，2007(2)：111-115.

❹ Lu Jing.A Research Summary of Professional Programmatic Accreditation System [A].Proceedings of Conference on Creative Education(CCE2012) [C].Shanghai, 2012：742-745.

投资决策阶段到设计阶段到招投标及施工阶段，最后到竣工及后评价阶段这一整个工程造价的全过程，本课程体系都有相应的核心课程和支持课程与其相适应，见图6-4。

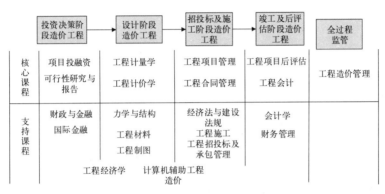

图6-4　工程造价全过程及其应对课程

（二）三个教学的"不断线"

从我国工程造价专业教学计划拓扑图中可以看出，我们在教学实践的过程中强调三个"不断线"，即"工程技术不断线"、"工程造价不断线"和"实践环节不断线"。如图6-5～图6-7所示。

1. "工程技术不断线"

见图6-5。

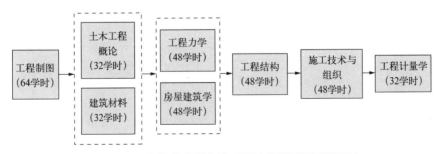

图6-5　工程造价本科专业工程技术类课程及其学时

2."实践环节不断线"

见图6-6。

图6-6 工程造价本科专业实习阶段图

3."工程造价不断线"

见图6-7。

图6-7 工程造价本科专业工程造价相关课程

（三）我国工程造价课程体系在全面的同时有重点

本课程体系照顾到了工程造价的全过程，从决策、设计、施工到项目后评价整个工程造价阶段所需要的知识和能力，在课程体系中都有所体现。但是，这些知识不是平均分配的，而是有所侧重的。在平台课中，由于管理知识和技术知识在工程造价专业人才的知识结构中非常重要，因而本课程体系侧重于管理和技术平台，并且这两个平台在学生的本科阶段的教学也是"不断线"的。从图中可以看出：在四个平台课中，经济平台和法律平台的课程比重较小，而技术平台和管理平台课程，无论是从广度还是从深度都显示了这两个平台的重要性。例如在技术平台，依照工程技术的内在逻辑关系开设了工程制图、土木工程概论、工程力学、工程结构等课程，其课程大都在 48 个学时，工程制图有 64 个学时，工程技术课程的总课时大约有 360 课时左右，本科阶段总的学时有 2500 多个，扣除公共课和管理学科类的公共课，技术平台课的总课时约占专业课总课时的 27%。

（四）突出了管理学科办工程造价专业的特点和优势

目前在我国工程造价专业有偏土木的，有偏财经的，有偏管理的。各不同方向曾经有相互看不起的现象发生，实际上，各个方向和偏重点各有千秋，只是定位不同而已。建工类的工程管理专业培养的是建造师，而财经类的工程造价专业则注重投资分析，而管理类的工程造价专业定位非常准确，就是培养造价工程师，因而在课程设置上尽量突出培养造价工程师的特点。

二、国外工程造价专业人才学历教育的基本特点

由于各个国家的差异，上述两个体系下的工程管理（造价工程）专业的专业设置分类也存在一定的区别。在美国，综合性大学和工学院有工业工程、建筑工程管理、系统工程、运筹学及管理信息系统等专业。美国的建筑工程管理专业一般设置在土木工程学院，或与土木工程专业有交叉。在英国，由于各大学有相当大的自主权，专业名称和学制年限可由各个学校自定，以体现其专业设置和管理模式上的自身特点。如剑桥大学的工程系涵盖了除大学以外的各个工程学科，学生在前两年学习相同的基础课程，第三年开始按五个方向分专业，包括生产工程专业、建筑管理、项目管理、工料测量及物业管理工程等等，即为工程管理专业的不同名称。各专业学制也从两年到四年不等，比较灵活。在日本有经营工学科、管理工学科，划归工学部。

发达国家管理学科的专业设置有一个突出的特点：国家教育行政管

理机构一般不对专业名称及设置进行统一规定，各学校根据社会需求和自身办学特色灵活确定专业名称和专业归属的学科门类，各学校开办专业的准入及办学质量一般是由行业技术委员会进行评估确认。如美国的工程与技术委员会（ABET）于 1976 年制定了建筑工程专业的相关标准，各工程学院要开设建筑工程管理专业就必须符合该委员会的标准，才能被承认有资格颁发建筑工程学位；而一些大学提供的非工程类建筑管理学士学位通常由美国建筑教育协会（ACCE）作为国家教育评估的代理机构进行正式批准。在英国，各大学的建筑工程及建筑管理专业是由英国高等教育拨款委员会的学术质量监察局及英国皇家特许建造学会（CIOB）共同进行评估和管理的。

国外管理科学与工程本科专业培养目标定位于解决管理问题的工程技术人才——工程师。在培养模式与课程设置上强调工程与管理相结合，强调综合集成，注重学生动手、动脑及独立解决问题的基本技能，注重实践环节。其课程设计也基本分为基础学科、经济管理类学科课程、工程技术类课程以及体现专业特点培养学生创新和动手能力的一些方向课程。

在其课程设置上，比如美国：

第一，充分强调基础知识和基本技能的培养。公共基础课、工程技术基础课和经济管理基础课的学分合计占总学分的 70% 以上，强调数学基础和较强的工程背景课程，一定的计算机和管理课程，专业课强调实践和案例教学。在方向课的设置上体现当地市场和经济的特点。

第二，时间安排上，在美国，根据 ABET 对美国工程类专业学生的要求，学生在本科四年的学习中，应该有接近两年半的时间用来学习数学、基础学科和工程类课程，其中一年时间学习数学和基础科学，一年左右时间学习工程科学，还有半年时间学习工程设计，另外半年时间学习人文和社会科学。

第三节　对我国工程造价专业人才学历教育的建议

一、工程造价专业课程设置建议

（一）工程造价专业课程设置响应能力标准

根据亚太地区高校工料测量专业的课程设置对比分析可看出，各国家及地区高校工料测量专业的课程设置均以接受认证的行业协会制订的能力标准体系为指导，按专业的执业能力标准要求进行课程体系设置。在中国内地，由于中国建设工程造价管理协会（CECA）现阶段尚未建立起工程造价专业的能力标准体系，因此高校的课程体系设置可暂时借鉴亚太区工料测量师协会（PAQS）的能力标准体系要求进行课程体系设置。高校课程体系对能力标准体系的响应，主要是对基础能力和核心能力的响应，因此中国内地高校工程造价专业进行课程体系设置时，应重点参考 PAQS 能力标准体系中基本技能与核心能力的要求设置相应的课程。

（二）工程造价专业课程设置要与国际接轨

在我国，应该明确工程造价咨询机构的法人代表是注册造价工程师，确定注册造价工程师是执业人员，概预算人员是从业人员，工程造价咨询也完全实行注册造价工程师执业制，工程造价的审核和招投标标底的编制必须由造价工程师签字。因此我国要尽早建立造价工程师签字制度，并强调对造价工程师的个人资质的审查和管理。

第一，工程造价咨询业实际是以提供造价信息和造价决策支持的信息产业。如果在职业定向上不能与国际接轨，就没有办法实现与国际同行合作，实现国际性信息交换和共享，会使这一行业走入自我封闭的死胡同。

第二，"一带一路"的发展战略一方面意味着我国专业能力的输出，同时也意味着国内咨询服务市场的开放，如果我们在职业定向上模糊，就会有大量的已经国际化的此类外国服务公司进入中国市场，中国巨大的工程造价咨询市场就会被他人侵吞。

第三，工程造价咨询业同时是附属于建筑业的服务业。随着我国建筑业的对外开放程度提高，我国既有大批的境外国际性建筑工程项目，又有大量的境内国际性投资的建设工程项目，造价工程师必须在职业定向上与国际接轨，才能为我国建筑业提供国际化的造价咨询服务，才能保障和促进我国建筑业的国际化进程。

第四，我国造价工程师的执业与国际接轨，将大大提高我国造价工程师的职业技能水平。要与国际的工料测量师、造价工程师接轨，人才的培养是关键，因此造价咨询人才的培养上一定要高起点。一是要提高造价工程师的"门槛"；二是把造价工程师的注册资格、执业资格和业绩挂钩；三是优化人员知识结构。通过制度去推动我国造价工程师执业技能和素质的提高，从而促进造价工程师职业定向与国际接轨。

（三）制定工程造价专业核心能力标准

为满足工程造价专业毕业生就业和行业市场对工程造价专业人才综合能力的需要，中价协制定工程造价专业核心能力标准，并为全国各高校工程造价专业课程体系设置和专业化教学提供标准化指导。

在分析我国工程造价的行业需求及实地调研的基础上，参照与我国工程造价行业联系紧密的英国皇家特许测量师学会（RICS）、亚太区工料测量师协会（PAQS）和香港测量师学会（HKIS）等出版的工料测量专业认证能力标准，分析上述行业协会对于工料测量专业认证能力标准的设置思路，具体化各行业协会能力标准体系的内容，结合我国工程造价专业发展及行业需求的具体情况，为我国工程造价专业核心能力标准的制订提供方案支持。从行业性质、业务范围与专业人员三个层次分析我国工程造价行业的市场需求。

（四）建立信息化平台

随着我国信息化发展进程，工程造价信息化应逐步得到重视。在现代工程建设过程中，工程造价信息是能够影响工程成本的特征、状态及其变动的一切因素的总和❶。在市场经济下，价值反映了价格，掌握工程造价信息的实质就是控制工程造价和成本。总之，一方面未来工程造价专业人才应该能够掌握建设市场动态，预测和控制工程造价发展，了解建设过程中各种政务信息、计价依据信息、工程造价指标、指数和价格信息，具备较高工程造价信息化管理能力；另一方面熟悉以云计算和BIM为代表的信息化技术。因此，工程造价专业人才的学历教育阶段除了现有的技术、管理、经济和法律四个平台外，应强化信息化平台，提高专业人才的信息化管理水平。

综上所述，在工程造价专业课程设置过程中应充分体现出培养"信息化、标准化、国际化"一专多能专业人才的战略目标。因此学历教育的课程设置要强调知识全面，使得未来工程造价专业人才对新局面、新形势具有较高的适应和学习能力。

二、工程造价专业实践教学改革建议

工程造价专业的实践教学环节，将引导学生将学到的理论知识综合运用，达到对各层次执业能力强化的目标。中国内地高校工程造价专业应紧扣综合性强的特点，从模块化和综合性两方面进行实践教学改革。

（一）模块化的执业能力培养要求

由于涉及技术、管理、经济、法律和信息化等五大知识领域，工程

---

❶　李晓钏，牛波．工程造价信息及信息化管理 [J]．西安邮电学院学报，2012,17(S1):34-37.

造价专业人才执业能力的培养，应将能力要求模块化❶，分层次设置响应性的实践教学内容。

（二）综合性的执业能力培养要求

由于工程造价专业集管理与技术于一身的特点，其实践教学应充分借鉴管理类与技术类专业经验，从执业能力的综合培养入手设计❷。建议综合实践教学通过仿真现实工作情景，使学生参与工程管理实践的培养方式更适合专业执业能力的培养，工程造价专业应以此为重点进行综合实践教学设计。

（三）学历教育要与我国造价工程师执业资格的要求接轨

随着我国与国际交流越来越广泛，我国的注册造价工程师执业资格如何与国际惯例接轨问题凸显出来。新的竞争形势和国际化趋势要求我国的造价工程师必须达到国际化的要求，实现这一目标需要在我国造价工程师执业资格考试中尽快实现与国际造价工程师执业资格认证的接轨。

通过与英国工料测量师资格认证办法的比较，对照我国注册造价工程师执业资格考试，完善我国造价工程师执业资格认证制度要从以下几方面进行：

（1）造价工程师必须通过严格而全面的职业资格认证；

（2）造价工程是执业资格认证，应强调学业和专业技术能力；

（3）已注册造价工程师应该承担新申请人的专业实践培训义务；

（4）中国应该建立自己的造价管理技术支持体系；

（5）积极建立注册造价工程师的职业教育支持体系。

---

❶ 李正，林凤.欧洲高等工程教育发展现状及改革趋势 [J]. 高等工程教育研究,2009（4）:37-43.

❷ 任宏，晏永刚.工程管理专业平台课程集成模式与教学体系创新 [J]. 高等工程教育研究,2009（2）:80-83.

三、关于CECA对高校课程体系的认证制度建议

（一）学历教育要与我国造价工程师继续教育制度接轨

从国外的情况来看，继续教育也是许多国家职业资格体系中的一项重要工作。以美国的情况为例，美国造价工程师协会（AACE）规定，造价工程师认证的有效期为3年，此后需要进行再认证，以便帮助造价工程师掌握本专业的新知识、新方法。再认证可以通过两种方式实现：考试或专业学分的积累，其中专业学分是根据造价工程师在工作、学习、教学、论文和服务等方面的表现来评定，积满一定的专业学分后即可通过再认证。

在新的发展形势下，一方面造价工程师的执业岗位拓展了，另一方面工程造价改革对造价工程师知识结构提出了更高的要求，因此，我国造价工程师知识结构必须拓展，其继续教育的内容应该包括以下几个方面：经济学基础知识；工程项目风险管理理论；建设法规；投资策略与工程经济分析；工程合同管理；现代项目管理；计算机与信息管理知识等。

（二）CECA对高校课程体系的认证制度

中价协对全国高校工程造价专业进行专业认证，解决应用型本科专业人才培养过程中由于理论教学与实践教学失衡导致的创新能力培养与就业能力培养不足的问题，促进工程造价专业的理论教学与实践教学均衡发展，综合提升创新能力培养与就业能力培养。工程造价专业产学研协作式的培养机制为全国高校工程造价专业认证工作有序实施提供保障。产学研协作式的工程造价专业人士的培养机制，依托企业、高校、科研院所的各项优势资源，通过协会意见指导、企业联盟培训基地建设，不断优化高校工程造价专业课程设置标准和人才培养方案，推动工程造价专业人才培养与企业实践能力及发展能力需求相契合。全国高等学校

工程造价专业认证在培养工程造价专业本科生综合能力的同时，以专业核心能力标准为指导，与"工程造价专业认证"制度相挂钩，加快促进高校毕业生向行业专业人士转型。行业协会，不仅代替政府部门的部分职能监管建设市场，是政府的助手，而且同时也在高等教育人才培养和市场需求之间起到了连接、转化的桥梁作用，行业协会对于高校课程体系的认证制度是实现这一桥梁的重要一环，具体过程如图 6-8、图 6-9 所示。

从图中可以看出，CECA 对高校工程造价专业的课程体系认证是实现对造价专业人士管理的重要手段，鉴于目前的实际情况，可以考虑对于本科专业和高职大专采用不同的认证标准。认证的主要工作包括：

（1）成立专门的认证委员会或认证工作小组。由该机构专门负责接受各高校的申请并展开认证工作，该机构也可分层次为管理机构和执行机构，执行机构主要负责实地考察和调研并书写调研报告，管理机构主要以专家讨论会的形式决定是否予以认证。当然，为使各院校对认证工作具有相应的热情，应该给予认证合格院校的毕业生在取得执业资格时一定的优惠政策。

（2）制定认证的标准。参照国际惯例，认证的内容应该包括学校资源、专业资源、课程内容、师资力量、教学方式、学生素质、质量保证体系以及实践环节的安排等等，其中需要特别注意的问题包括：

1）课程内容。这部分的认证标准可以参照上文中相应的基本能力的描述拟定，作为工程造价专业的课程体系，必须覆盖这些基本能力的要求。

2）质量保证体系。该体系包括设立工程造价专业的学院内部的质量保证措施以及整个学校的质量保证措施，同时还应注意学校对该专业的支持度等等。

3）实践环节的安排。应注意考核实践环节的安排与其他理论教学

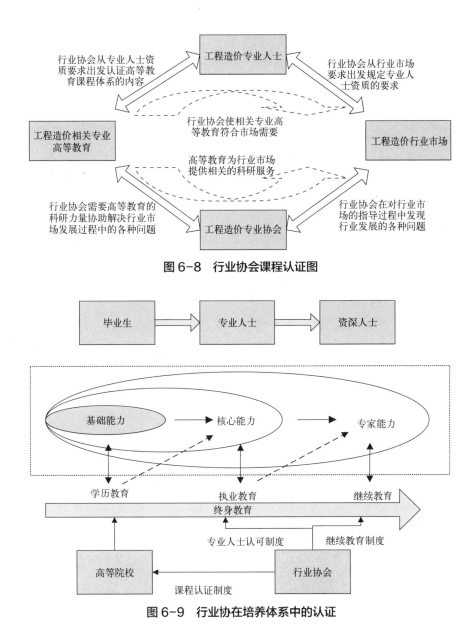

图 6-8 行业协会课程认证图

图 6-9 行业协在培养体系中的认证

课时的比例关系，实践环节所达到的效果分析，学生完成的实践环节报告情况，必要时可以通过学生抽样的方式检验其解决具体问题的能力。

（3）规定认证的有效期以及有效期内的跟踪检查方案。认证有效期不宜过长，一般应以 3～5 年为适宜，以督促高校不断地根据实际需要更新其课程体系设置，在有效期内可定期安排复查，以确保其按照获得认证资格时的承诺实施其工程造价专业的课程体系。

（三）工程造价专业认证制度建设

为推动工程造价行业复合型人才培养、促进高校工程造价专业教育与教学、提高毕业生综合能力与用人单位的匹配度，依据国务院办公厅《关于加强普通高等学校毕业生就业工作的通知》（国办发 [2009]3 号）等文件精神，中价协曾制定《建设工程造价员资格认证试行办法》，对普通高校实施毕业证和造价员资格证书（以下简称"工程造价专业认证"制度）。目前，2012 年确立了 3 所试点高校：天津理工大学、西华大学、华北电力大学，2013 年新增 3 所高校：沈阳建筑大学、山东建筑大学、重庆大学。伴随造价员职业资格的取消和造价工程师执业资格制度的完善，对"工程造价专业认证"制度需修改完善。

四、组织编写工程造价专业教材

党的十八大以来，住房和城乡建设部出台一系列文件，以"依法治国"为主题的十八届四中全会的召开，逐步形成我国建筑市场新的法律法规环境。新环境将为我国工程造价管理工作提供一个更加平等、完善的平台，将充分发挥市场的作用，逐渐将建筑市场的"全能政府"转化为"有限政府"，注重建筑市场和契约精神的作用。为了适应该新环境、新形势，需对当前工程造价专业教材组织修订或编写更新，作为工程造价学历教育经典教材，从而为广大工程造价在校学生服务。

（一）强调工程造价管理体系的基础认知——《工程造价管理概论》

工程造价管理体系是指规范性建设项目的工程造价管理的法律法规、标准、定额、信息等相互联系且可以进行科学划分的一个整体。工程造价管理概论保证人才对工程造价管理体系的基础认知，这是工程造价专业人才进入工作岗位的必要条件。

（二）突显工程计量的法律作用——《工程计量》

新环境下工程计量不仅是工程造价工作人员的基本执业能力，而且正确的计量结果是承包人履行合同义务后发包人支付合同价款的法律依据，因此，应将工程计量与法律环境相结合，突显工程计量的法律作用。

（三）强化工程计价的技术能力——《工程计价》

新环境下必须强化工程造价人员的工程计价能力，由"能计价"转变为"会计价"，扩充原有教材的内容，使涉及范围更全面。

（四）注重合同管理的契约精神——《招投标与合同管理》

随着我国法律环境的完善，建筑市场合同管理的作用越发重要，政府将逐渐退出建筑市场的完全管制，将由发承包双方自由约定的部分完全交给市场协调，因此必须将合同管理完全纳入工程造价教材，并与招投标管理配合形成完整体系。

五、支持全国普通高校工程造价类专业协作组工作

（一）协作组为工程造价行业持续发展做出重大贡献

2003 年以来，全国普通高校工程造价类专业协作组已成立 13 载。在此期间，协作组成员紧密合作，以"关心教学、重视科研、培养高素质专业人才"为理念，先后 11 次就工程造价专业热点及核心问题进行研讨，不断促进工程造价及相关专业的发展。

为加快工程造价专业人才的培养速度和提高工程造价专业人才的培

养质量，促进我国工程造价业务的国际化发展，协会以促进高校、企业共同培养高质量工程造价专业人才为己任，审时度势，将进一步深化产学研联盟。协会将全面支持全国普通高校工程造价类专业协作组各项工作的继续实施与展开，不断拓宽全国各所高校、各工程造价企业交流合作的平台，以工程造价专业产学研的国际化联盟不断更新工程造价专业人才的能力培养标准，使高校真正成为工程造价专业应用型人才培养的核心基地。

（二）支持协作组工作，为工程造价行业深化改革提供理论指导

多年来，协作组成员深入交流与探讨国际工程造价专业发展及需求、专业办学模式及办学经验，从工程造价专业教育与产业实践两个角度审视未来工程造价专业的发展趋势，促进工程造价专业人才培养从毕业生到工程造价专业实践的无缝对接并具备成为高端人才的基本潜质，为工程造价咨询业提供支持。

至此，中价协审视工程造价专业管理与改革的需求，进一步推动全国普通高校工程造价类专业协作组各项工作的展开，融合企业、高校等多方意见和先进思想，以高校为企业注入先进理论指导，企业为高校搭建多边实践平台来保证工程造价专业发展的规范化、标准化，提升工程造价专业的服务水平。

六、定期发布工程造价行业需求信息，预警工程造价专业办学数量

跟踪行业发展动态，组建专业教学指导委员会，认真分析和决策，定期发布行业需求信息，是建立行业动态信息网络的基本工作，信息共享是专业建设和人才培养同化的重要前提。工程造价专业面临 BIM、云计算、大数据带来的挑战，使我国融入世界体系后放松对建筑市场的管制，对我国工程造价计量规则和计价依据构成挑战。新的技术环境，

对工程造价专业人才培养提出不同层次的需求，实时更新行业需求信息，有助于高校调整培养方式，设计满足产业常用的计量能力和基于未来发展软实力的教学计划。

建立行业动态与教育教学的内部牵连机制，促使办学条件积极响应建筑市场以及新的就业领域与就业形式，形成行业需求传导办学数量的预警机制。探索教学考核与办学资格审批制度，设置进入与退出壁垒，合理规划高校办学数量。融入用人单位对高校学生的长效评价，设定考评合格标准，保证已开设工程造价专业学校的办学水平。对于新办高校，审批教学团队、教学资源，模拟实施效果，采取预评价措施。以培养应用型人才为基本目标，建立校内外一体化的实训基地，实现高校与企业联动，提升工程造价专业水平。

第七章 工程造价专业人才执（职）业教育研究

第一节 我国工程造价专业人才执（职）业教育现状分析

一、我国工程造价专业人才资格制度

（一）造价工程师执业资格管理制度沿革

为了贯彻落实《中共中央关于建立社会主义市场经济体制若干问题的决定》（中共十四届三中全会 1993 年 11 月 14 日通过）中有关实行职业资格证书制度的精神，适应建立社会主义市场经济体制的需要，加强劳动人事科学化管理，保护社会公共利益，维护正常职业秩序，劳动、人事部共同制定了《职业资格证书规定》（劳部发 [1994]98 号）。为加强对建设工程造价的管理，提高工程造价专业人员的素质，确保建设工程造价管理工作的质量，人事部、建设部于 1996 年 8 月 26 日联合印发《〈造价工程师执业资格制度暂行规定〉的通知》（人发 [1996] 77 号），国家开始实施造价工程师执业资格制度，确立了有关考试、注册及权利义务等规定，并于当年 11 月出台了《造价工程师执业资格认定办法》（人发 [1996] 113 号），完成了首批造价工程师执业资格认定工作，经 1997 年考试试点工作后，1998 年 1 月人事部、建设部下发了《人事部、

建设部关于实施造价工程师执业资格考试有关问题的通知》（人发［1998］8 号），全面施行全国统一造价工程师执业资格考试制度。

2000 年 1 月 21 日建设部发布《造价工程师注册管理办法》（建设部令第 75 号），2002 年标准定额司印发《〈造价工程师注册管理办法〉的实施意见》（建标［2002］187 号），中价协根据部令要求组织制定了《造价工程师职业道德行为准则》（中价协［2002］015 号）和《造价工程师继续教育实施办法》（中价协［2002］017 号），基本形成了我国造价工程师执业资格制度体系框架；建设部和中价协于 2006 和 2007 年分别对管理办法进行了修订，陆续颁布与实施了《注册造价工程师管理办法》（建设部令第 150 号）和《注册造价工程师继续教育实施暂行办法》（中价协［2007］025 号），进一步推进了执业资格制度体系的建设，造价工程师执业资格制度逐步完善起来。取得注册造价工程师资格流程如图 7-1所示。

我国目前对造价工程师知识结构和能力标准的要求是围绕着造价工程师执业资格考试制度展开的，向前延伸到相应的学历教育，向后延伸到取得执业资格后的继续教育。

（二）造价工程师执业资格考试制度

造价工程师执业资格考试实行全国统一大纲、统一命题、统一组织的办法。原则上每年举行一次。住房和城乡建设部负责考试大纲的拟定、培训教材的编写和命题工作，统一计划和组织考前培训等有关工作。培训工作按照与考试分开、自愿参加的原则进行。国家人事部负责审定考试大纲、考试科目和试题，组织或授权实施各项考务工作，会同住房和城乡建设部对考试进行监督、检查、指导和确定合格标准。

1. 报考条件

凡中华人民共和国公民，遵纪守法并具备以下条件之一者，均可申

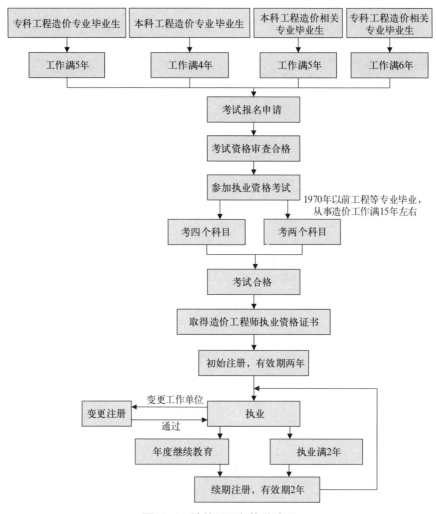

图 7-1 造价工程师执业流程

请参加造价工程师执业资格考试:

（1）工程造价专业大专毕业后，从事工程造价业务工作满五年；工程或工程经济类大专毕业后，从事工程造价业务工作满六年。

（2）工程造价专业本科毕业后，从事工程造价业务工作满四年；工程或工程经济类本科毕业后，从事工程造价业务工作满五年。

（3）获上述专业第二学士学位或研究生班毕业和获硕士学位后，从事工程造价业务工作满三年。

（4）获上述专业博士学位后，从事工程造价业务工作满两年。

这种规定明确了造价工程师在取得考试资格前已经接受了正规的学历教育并具备了一定的实践工作经验，搭建了第一个知识结构和能力标准的平台。

2. 考试科目

造价工程师执业资格考试分为四个科目：

（1）建设工程造价管理（原名为工程造价管理基础理论与相关法规）。其内容包括了工程造价管理制度、工程经济、工程项目投融资、工程项目管理、全过程造价管理和经济法律法规等六大知识模块的内容。

（2）建设工程计价（原名工程造价计价与控制）。其内容主要包括造价构成、计价依据和全过程计价等知识模块。

（3）建设工程技术与计量（分为土建与安装两大专业）。包括工程构造、材料、施工和工程计量等技术性知识模块。

（4）建设工程造价案例分析。是对上述三门课程的综合，考核考生对知识的综合运用能力。

造价工程师考试科目和考试内容的确定，给出了我国目前造价工程师所应具备的知识结构和能力标准的第二个平台。

（三）造价工程师执业资格考试制度存在的问题

我国造价工程师执业资格考试制度作为培养和选拔工程造价专业人才的主要渠道，从1996年设立推行至今一直不断发展完善。但随着建筑市场国际化的逐步深入，工程造价新领域、新技术、新业务的出现以及工程造价专业教育水平的不断提高，行业对人才水平的要求越来越高、越来越全面，对人才能力的考核及导向也需要及时调整，执业资格制度本身也需做出进一步的调整和提高。造价工程师执业资格考试每年举办一次（除 1999 年停考 1 次之外），每年通过人数基本在 1 万多人，为我国工程造价行业输送了大批人才。造价考试制度的建立和实施，在工程造价行业产生了重大影响，满足了市场需求，建立了行业人才队伍。在国务院减少行政审批事项要求下，职业资格行政审批面临取消或调整，造价工程师执业资格是确定为准入类还是水平评价类尚未定夺。不论准入类还是水平评价类职业资格都是市场经济条件下对工程技术人员的评价、筛选和管理手段，都要进行全国性资格考试以及注册或登记管理。行业协会作为非政府组织，代表行业企业和从业人员，根据国家政策引导行业发展，反映行业诉求，具有专业优势，将更好地发挥作用。中价协将在政府相关部门的指导下，抓住资格考试这个关键环节，带动造价工程师执业资格制度的全面完善。

本报告利用全国造价工程师继续教育网络平台，针对工程造价从业人员，采用在线问卷调查形式，对现行造价工程师执业资格考试制度存在的问题和原因展开研究，结果显示造价工程师执业资格考试制度存在的问题主要涉及考试管理制度、考试报考资格、考试科目和内容等方面[1]。

1. 考试管理制度

目前，造价工程师执业资格考试管理制度还停留在 1996 年 "暂行规定" 的层面上，应根据相关部委的统一部署，尽快颁布适应目前形势的新的考试办法，以树立考试管理制度的约束性和权威性。另外，还存在诸如造价工程师执业资格考试大纲对考试指导意义不够强的问题，大纲在形式上可进一步细化，使内容更加具体。

---

[1] 孙春玲等 . 造价工程师职业资格考试制度研究 [J]. 项目管理技术 .2012, 10（2）：45-49.

2. 考试报考资格

注册造价工程师考试报考资格参照《造价工程师执业资格制度暂行规定》，现有的报考条件和报名组织中存在考试与实践的结合问题、考试门槛监督检查问题。造价工程师考试报名虽然在专业方面做了限定，但是工程/工程经济类专业的范围并没有明确的范畴，在具体执行的时候受到制约；在从业年限要求上，虽然本专业对从业年限要求严格，但更应强调从业内容和工作完成质量的考核；各地考务管理机构审查报考人员资格，往往简单地以专业名称代替专业内容和质量，以毕业年限代替职业实践年限，职业实践的内容考查缺失。在道德品行的考察上，造价工程师注册时对个人职业操守的设定要求不明确，报名时的要求不够明确，没有实质性的标准可依，与其在注册时限定道德品行要求，应在考试报名时就予以限定。

3. 考试科目和内容

造价工程师执业资格考试有四个科目，分别是：建设工程造价管理、建设工程计价、建设工程技术与计量（分土建和安装两个专业）、建设工程造价案例分析。存在的问题主要是，造价工程师考试科目设置内容应更加合理，与实际工作内容联系应加强、内容更新速度应加快、相互衔接的问题应重视。试题应进一步从题型、内容等方面加强对实际问题的考核，注重对行业新知识、新政策的及时反映，应加大实务操作和专业需求，适当增加计算机应用方面的考核。

（四）造价员职业资格制度的沿革

1. 造价员职业资格制度的基本规定

全国建设工程造价员（以下简称"造价员"），是指按照本办法通过造价员资格考试，取得《全国建设工程造价员资格证书》（以下简称"资格证书"），并经登记注册取得从业印章，从事工程造价活动的专业人员。

资格证书和从业印章是造价员从事工程造价活动的资格证明和工作经历证明，资格证书在全国有效。

根据《全国建设工程造价员管理办法》的规定，中国建设工程造价管理协会对全国造价员实施统一的行业自律管理；各地区造价管理协会或各地区和国务院各有关部门造价员归口管理机构（以下简称"管理机构"）负责本地区、本部门内造价员的自律管理工作。全国造价员行业自律管理工作受住房和城乡建设部标准定额司的指导和监督。

造价员资格考试原则上每年一次，实行全国统一考试大纲，统一通用专业和考试科目。专业划分方面全国各省或行业多数分为：土建、装饰、安装、市政四个专业。

2. 造价员职业资格制度的沿革

全国建设工程造价员资格的前身为建设工程概预算人员，是从事建设工程概、预算编制人员，从新中国成立初期在我国的建设、设计、施工等单位中就有此岗位。在 20 世纪 80 年代初，国家计委、中国人民银行《关于改进工程建设概预算工作的若干规定》（计算 [1983]1038 号）文件中就对各行业、各地方建设工程概预算人员的设置提出了明确的要求，同时提出概预算人员执行工程技术干部技术职称，由此全国建立了一支从事建设工程概预算工作的专业技术人员职业资格队伍，并在全国各行业部门和各地方形成了一套适合本行业和本地方的管理制度。1996年，建设部、人事部根据工程造价管理工作的需要，在从事建设工程概预算人员中设立了造价工程师执业资格制度，由于当时造价员（预算员）队伍已达 50 余万人，仅 2000 余人认定为造价工程师，其职业资格继续保留，从此形成了一支以注册造价工程师为主、造价员为辅的工程造价专业人员队伍，其地位相当于二级造价工程师。

目前，造价员已经成为辅助造价工程师工作的核心人才，是我国建设行业人才队伍重要的组成部分，其在建设、设计、施工、造价咨询、招标代理、监理、工程咨询等单位从事着建设工程造价的确定和控制，为提高投资效益发挥着不可或缺的作用。

为规范建设工程概预算人员的管理工作，2005 年以前造价员管理工作由各省、自治区、直辖市或有关行业进行管理，其管理相对分散管理制度不易规范。为加强全国统一造价员、规范管理制度、提高执业水平、维护市场秩序，2005 年建设部印发《关于由中国建设工程造价管理协会归口做好建设工程概预算人员行业自律工作的通知》（建标[2005]69 号）及《关于统一换发概预算人员资格证书事宜的通知》（建标函 [2005]558 号）文件，对全国建设工程概预算人员进行了规范管理，已归属行业自律管理范畴。目前，造价员在全国范围内实行统一管理，中国建设工程造价管理协会的造价员遍布全国所有省市和除交通行业外的所有专业部门，管理规范有序，社会认可度很高。中价协于 2006 年印发了《全国建设工程造价员管理办法》。其中确定几个统一，即：名称统一、证书统一及执业印章统一、考试大纲统一（基础知识部分）的管理模式，统一了全国各省概预算专业人员的名称。2011 年中价协对该办法又做了修订，进一步完善相关制度。

据统计，截至 2015 年，全国持有《全国建设工程造价员资格证书》的专业技术人员有 134 万人，遍布全国各地区、各行业，其专业涵盖了各专业工程和建筑工程的土建、安装、市政等专业。

（五）造价员职业资格考试制度存在的问题

1. 造价员考试形式及通过率各省市不统一

《全国建设工程造价员管理办法》规定，造价员资格考试原则上每年一次，实行全国统一考试大纲，统一通用专业和考试科目。

造价员考试主要由各省市、部门的定额站或造价协会进行管理。考试大多省份按每年 1 次的形式进行。部分采取每年 2～4 次考试，如天津、辽宁、广东、陕西、石油、机械、煤炭等，也有部分采取两年一次组织考试的形式，如吉林、江苏、青海、电力等；采用一年多次考试形式有冶金、水利、电子等。

各地对造价员的考试通过率掌握并不一致，据统计，通过率在 80% 以上的有 5 家，通过率在 60%～80% 有 5 家，40%～60% 有 8 家，20%～40%19 家，20% 以内的有 5 家，考试的通过率差异较大。

考试形式不统一的主要原因是部分省市对《全国建设工程造价员管理办法》的有关规定未能严格执行。

考试通过率差异较大的原因：一是由于造价员考试教材仅通用专业采用统一教材，其他教材不统一，考题不统一；二是各省市部门对造价员考试的出发点不尽相同，如何控制通过率，思想不统一。

2. 造价员专业划分不一致

据统计，各省市部门专业设置不尽相同。多数考试专业设置为 2～4 种，极少数采取 4 科目以上的考核方式，约占总数的 7.5%。例如辽宁省采用 7 个专业，吉林省 6 个专业，工业和信息化部 5 个专业。

部分省市将安装工程细分为水暖、电气，同时增加了装饰、园林等专业。部分部门根据行业特点对专业进行了细分，如电子将专业细分为计算机网、综合布线、安全防范、音视频、机房工程。

专业划分不一致造成造价员跨省变更时因专业不同而无法变更，同时也影响了造价员这一执业资格的权威性。

3. 造价员级别设置不一致

据统计，24 家省份及部门没有对造价员的级别进行设置，占总数的 53.3%；有 21 个省市及部门对此进行了设置，其中管理方式分两级的有 16 家，占总数的 35.6%；分 3 级以上的有 5 家，占总数的 11.1%，个别的划分级别多达 7 个专业。

4.部分省级管理机构管理比较薄弱，没有专人负责

一方面是由于管理机构对造价员管理还不够重视，另一方面行业协会在监督、督促方面还应该加强。

5.部分省市在造价员进行跨地区变更时人为设置一些限制

在行业与地方之间变更时，此现象尤为突出，一方面是由于考试不统一，通过率低的省市对外省市的人员转入有抵触，认为跨地区变更时也应该有所考核；另一方面造价员专业、级别的不同也使得部分省市跨地区变更变得很困难。

二、造价工程师执业资格考试报考专业目录修改意见

（一）报考造价工程师的专业目录界定尚不明确

目前，造价工程师执业资格考试报名中所提出的报名条件仅涉及工程造价专业、工程或工程经济类专业，对具体专业的描述模糊不清，没有明确界定，这使得造价工程师考试资格审核部门依据不足、标准不统一。我国报考造价工程师人员的报考条件依照《造价工程师执业资格制度暂行规定》（人发 [1996]77 号）中的规定执行。

《造价工程师执业资格制度暂行规定》仅指出工程造价专业和工程或工程经济类专业的概念，并没给出具体的专业划分及目录。在报考专业的要求上，造价工程师考试报名虽然在专业方面做了限定，但是工程／工程经济类专业的范围并没有明确的范畴，在具体执行的时候往往争议很大，应进一步明确报考专业类别，使报考工作更具可操作性。因此，确定报考造价工程师的本科及大专专业目录对造价工程师执业资格考试制度的完善是尤为重要的。

（二）我国普通高等学校本科专业目录的变迁

《普通高等学校本科专业目录》是中国教育部（原国家教育委员会）制订与修订的有关普通高等学校本科专业的目录。改革开放以来，我国共进行了4次大规模的学科目录和专业设置调整工作。第一次修订目录于1987年颁布实施，修订后的专业种数由1300多种调减到671种。第二次修订目录于1993年正式颁布实施，专业种数为504种。第三次修订目录于1998年颁布实施，本科专业目录的学科门类达到11个，专业类71个，专业种数由504种调减到249种。第四次修订目录于2012年颁布实施，本科专业目录的学科门类达到12个学科门类，专业类增加到92个。

1.1993年专业目录修订

《专业目录》分设哲学、经济学、法学、教育学、文学、历史学、理学、工学、农学、医学十大门类，下设二级类71个，504种专业，比修订前的专业数减少309种。其中哲学门类下设二级类2个，9种专业；经济学门类下设二级类2个，31种专业；法学门类下设二级类4个，19种专业；教育学门类下设二级类3个，13种专业；文学门类下设二级类4个，106种专业；历史学门类下设二级类2个，13种专业；理学门类下设二级类16个，55种专业；工学门类下设二级类22个，181种专业；农学门类下设二级类7个，40种专业；医学门类下设二级类9个，37种专业。

2.1998年专业目录修订

1998年修订目录的学科门类与国务院学位委员会、原国家教委1997年联合颁布的《授予博士、硕士学位和培养研究生的学科、专业目录》的学科门类相一致。分设哲学、经济学、法学、教育学、文学、历史学、理学、工学、农学、医学、管理学11个学科门类（无军事学）。下设二级类71个，专业249种。与原目录比较，增加了管理学门类，二级类也做了较大的调整，专业种数由504种减少至249种，调减幅度为506%。本目录还覆盖了原目录外专业74种。目录哲学门类下设二级类1个，3种专业；经济学门类下设二级类1个，4种专业；法学门类下设二级类5个，12种专业；教育学门类下设二级类2个，9种专业；文学门类下设二级类4个，66种专业；历史学门类下设二级类1个，5种专业；理学门类下设二级类16个，30种专业；工学门类下设二级类21个，70种专业；农学门类下设二级类7个，16种专业；医学门类下设二级类8个，16种专业；管理学门类下设二级类5个，18种专业。

3.2012年专业目录修订

2012年修订目录的学科门类与国务院学位委员会、教育部2011年印发的《学位授予和人才培养学科目录（2011年）》的学科门类基本一致，分设哲学、经济学、法学、教育学、文学、历史学、理学、工学、农学、医学、管理学、艺术学12个学科门类。新增了艺术学学科门类，未设军事学学科门类，其代码11预留。专业类由修订前的73个增加到92个；专业由修订前的635种调减到506种。目录哲学门类下设专业类1个，4种专业；经济学门类下设专业类4个，17种专业；法学门类下设专业类6个，32种专业；教育学门类下设专业类2个，16种专业；文学门类下设专业类3个，76种专业；历史学门类下设专业类1个，6种专业；理学门类下设专业类12个，36种专业；工学门类下设专业类31个，169种专业；农学门类下设专业类7个，27种专业；医学门类下设专业类11个，44种专业；管理学门类下设专业类9个，46种专业；艺术学门类下设专业类5个，33种专业。

（三）造价工程师报考条件修改建议

凡遵守国家法律、法规，具备下列条件之一者，可以申请参加造价工程师执业资格考试：

（1）取得工程造价专业大学专科学历，工作满5年，其中从事工程造价业务工作满 3 年；取得工学类、管理学类、经济学类、农学类专业大学专科学历，工作满 6 年，其中从事工程造价业务工作满 4 年；

（2）取得工程造价专业大学本科学历，工作满 4 年，其中从事工程造价业务工作满 2 年；取得工学类、管理学类、经济学类、农学类专业大学本科学历，工作满 5 年，其中从事工程造价业务工作满 3 年；

（3）取得工学类、管理学类、经济学类、农学类专业硕士学位或者第二学士学位，工作满 3 年，其中从事工程造价业务工作满 1 年；

（4）取得工学类、管理学类、经济学类、农学类专业博士学位，从事工程造价业务工作满 1 年；

（5）取得其他学科门类专业上述学历（学位）的，其从事工程造价业务工作的年限相应增加 2 年。

第二节　对我国工程造价专业人才执（职）业教育的建议

一、修订《造价工程师执业资格制度暂行规定》

针对我国造价工程师考试制度的现状，在进一步明确和改进人社部和住房和城乡建设部分工与协作的同时，根据我国执业资格制度改革的现状，对《造价工程师执业资格制度暂行规定》进行全面修订。重点对造价工程师的分级制度的设立，造价工程师报考条件的设立，造价工程师执业能力的设立等方面进行修订。

二、加快《造价工程师执业资格考试管理办法》的编制工作

在修订《造价工程师执业资格制度暂行规定》的基础上，编制《造

价工程师执业资格考试实施办法》，不仅可以严格考试实施工作，提高考试工作服务质量，更重要的是可以有效地提高考试的透明度和公信度。具体规定如下：

（1）考务工作的组织结构及实施主体；

（2）考试的科目设置及考试时长、考点的设置；

（3）明确规定考试的命题形式和考务工作的组织；

（4）不同人员参加的不同考试的各种途径；

（5）考试违纪的处理和惩罚措施。

三、完善以造价工程师能力标准体系为依据的考试大纲规划

造价工程师执业资格考试大纲的制定应与执业能力相匹配，应在造价工程师能力指标体系的基础上指定考试科目，并撰写考试大纲。该能力指标体系包括基本能力、执业能力和发展能力这三个模块。其中基本能力是工程造价专业高等教育应该完成的能力培养，执业能力是获取执业资格应该具备的能力，发展能力是在个人职业生涯中持续发展不断培养的能力。

四、制定考试服务工作质量评价体系

考试服务体系主要包括组织报名和考场管理两部分。考场管理是考试实施过程中的核心环节，目的是要保持公平竞争的原则，保证考试的顺利进行和考试结果的客观有效。造价工程师执业资格考试服务体系尚无评价依据，可考虑建立一套评价指标和切实可行的实施办法。

五、提升考试成绩管理水平

提升考试成绩管理水平主要体现在两个方面：一是考试成绩滚动周期与每年考试次数的均衡配置，二是确定合理的考试成绩和标准。①每

年一次考试不变，滚动周期改为 3 年；②考试成绩合格标准的确定还应同时考虑试题难度、对造价工程师素质提升的需求要素等，对这几个要素分别赋予一定权重，不同程度地影响当年的合格成绩标准。

六、造价工程师执业资格考试制度与 APC 结合的考试模式

目前国内工程造价行业的管理现状仍不具备实行条件，但是作为建议在此提出，希望对未来的工作有所指向。专业能力测试（APC）一般包括结构化训练（Structure Training）、笔试和最终面试（Final Assessment Interview）三个环节，考虑到我国目前每年造价工程师执业资格考试的现状，可先采取"结构化训练＋笔试"的过渡形式。结合 APC 的规定，严格工作经历的要求，尤其是要保证工作经历的质量，在提高工作经历质量的同时，可以适当降低工作年限要求。

七、研究解决专业设置和执业范围问题

专业设置一可按工程项目组织流程划分，二可按行业设置专业。建议研究对执业范围相近的专业进行整合，对考试内容相近的专业可考虑互认或部分互认理论考试科目，通过加试专业实务的方式，使工程技术人员通过一项考试取得多项资格。与造价工程师考试内容和执业范围有交叉的其他师，如招标师、建造师、监理师等，都可以考虑整合及互认的问题。在研究造价工程师职业胜任能力标准的过程中，应深入分析解决专业设置和执业范围等重要问题。

八、以造价工程师资格考试为核心加强资格管理各环节的衔接

按照国际惯例，专业评估、职业实践、资格考试、注册或登记、继续教育构成了职业资格管理的五个环节。目前，专业评估、职业实践、

资格考试存在脱节现象，重资格考试，轻学校专业教育的系统训练和职业实践对工程师的培养。建议抓住资格考试这个关键环节，通过调整考试内容、方式、报考条件等，带动学校的专业教育和大学生毕业后的职业实践，推动形成由执业资格标准引领的专业教育标准、专业评估标准、职业实践标准、资格考试标准、继续教育标准多位一体的注册执业人员评价培养体系，对注册执业人员实施全过程管理。

九、完善相应的学科支持进一步与国际惯例接轨

工程造价管理专业在英国以及英联邦国家（包括香港特别行政区）统称为工料测量（QUANTITY SURVEYING）专业，设有专门的学会——皇家特许测量师学会（RICS），经过学会认可的可培养本科生的大学有30 余所。在中国香港，经香港测量师学会（HKIS）认可的可设工料测量专业课程的大学有三所，即香港大学、香港理工大学、香港城市大学，其每年的毕业生约有 200 人。在北美（包括美国、加拿大等），工程造价管理专业被称为造价工程专业（COST ENGINEERING），其业内人士称为造价工程师，过去北美的造价工程师一般由具有工程师头衔的专业人员经过接受继续教育，并参加北美造价工程师协会的资格考试后可成为认可的造价工程师。近几年，尤其是 20 世纪 90 年代中期以来，他们也认识到对造价工程师进行系统教育的重要性，因此也相继在十几所大学建立了相关专业课程，并经过 AACE 认可培养工程造价管理人才。与国际惯例相比较，在我国急需有相应知识结构的高等教育学科给予支持，才能使造价工程师考试制度不断完善。

第八章　工程造价专业人才继续教育研究

继续教育也是一种持续职业教育，是在职业生涯中，对自身技巧、能力和知识进行新的系统更新和加强，具有持续不断、专业性和注重发展的特点。中国建设工程造价管理协会制定了《造价工程师继续教育实施办法》，对造价工程师继续教育的目的、组织、内容、形式及培训学时的计算方法做了原则性的规定。在中国，造价工程师后续教育的组织和管理工作由政府行政主管部门会同行业协会负责，贯穿于造价工程师的整个工作过程。继续教育的目标为提高造价工程师的业务胜任能力与执业水平。

第一节　我国工程造价专业人才继续教育现状分析

一、我国造价工程师继续教育制度现状

（一）造价工程师继续教育制度

1. 我国注册造价工程师继续教育的学习内容

根据《注册造价工程师继续教育实施暂行办法》规定，我国注册造价工程师继续教育学习内容主要是：与工程造价有关的方针政法律法规和标准规范，工程造价管理的新理论、新方法、新技术等。

2. 我国注册造价工程师继续教育的学习时长

根据《注册造价工程师继续教育实施暂行办法》规定，我国注册造

价工程师在每一注册有效期内应接受必修课和选修课各为 60 学时的继续教育。各省级和部门管理机构应该按照每年完成 30 学时必修课和 30 学时选课的要求，组织注册造价工程师参加规定形式的继续教育学习。其中继续教育必修课以中价协确定的学习内容和编制的培训材料为主，各省级和部门管理机构可以适当补充学习内容；选修课学习内容及培训教材由省级和部门管理机构自行确定，并提前报送中价协备案。

3. 我国注册造价工程师继续教育的学习形式

（1）参加中价协、各省级和部门管理机构、省级造价协会组织的注册造价工程师集中面授培训，并取得学时证明的，均予以认可。

（2）参加中价协、各省级和部门管理机构、省级造价协会组织的造价工程师网络继续教育学习，并取得学时证明的，均予以认可。

（3）参加中价协、各省级和部门管理机构、省级造价协会组织的各种课题研究、标准编制、教材编写等工作，培训或继续教育授课，国内外学术交流、研讨，考试命题、阅卷等考务工作，咨询成果质量监督、检查，并取得学时证明的，均予以认可。

（4）参加经中价协、各省级和部门管理机构批准或授权的工程造价咨询企业公开组织的造价工程师继续教育培训，并取得学时证明的，均予以认可。

（5）以个人署名且公开发表（以正式刊号为准）的工程造价相关论文、专著，并取得学时证明的，均予以认可。

目前，造价工程师的继续教育的管理虽然基本体现了继续教育内容和形式多样性的指导思想，能够体现造价工程师提高职业能力的需要，但是造价工程师继续教育的方式还比较保守（主要为培训、进修、专题研讨活动、编撰出版专业著作或在相关刊物上发表专业论文和科研活动），继续教育的内容也有限（内容主要包括国家有关工程造价方面的政策和法律法规、行业自律规则和有关规定、工程项目全面造价管理理论知识、国内外工程造价管理的计价规则及计价方法、国际上先进的工程造价管理经验与方法等）。总之，与工程造价教育发达国家相比还有较大差距，需要大力发展，主要问题就在于缺乏完善的培训计划、培训课程体系及适合继续教育培训的教材。而且随着中国建筑市场的逐步开放；随着新理论、新技术的不断涌现；随着招投标法实施条例、建设工程工程量清单计价规范等法律法规和国家标准的制定；随着职业道德素质的不断提高，都要求对造价工程师继续教育的课程体系进行重新设计。

（二）造价工程师网络继续教育基本情况

中价协积极开展以网络教育为主、面授培训为辅的继续教育模式。协会结合新标准、规范规程等的出台配合住房和城乡建设部及时做好宣贯工作，应广大工程造价咨询会员单位的要求，适时选择工程造价专业人员比较感兴趣的课程进行集中面授培训。中价协组织的造价工程师网络继续教育，2014 年上网人数近 8 万多人，网络课程的数量和质量均有提高，受众面也逐年提升。根据"继续教育大纲及实施方案"课题研究成果，并按照工程造价专业人员能力培养体系和学科分类体系，积极组织专家合理配置网络继续教育培训课程，将继续教育课程体系分为四大类，即技术类、管理类、经济类和综合类（以法律法规和工具类为主）。

近年来，中价协完成网络继续教育培训必修和选修课程共计 142 篇。按照继续教育课程分类体系的四大类统计，其中技术类 45 篇，管理类 42 篇，经济类 28 篇，综合类 27 篇，四大平台体系课程的比重大小顺序为：技术平台—管理平台—经济平台—综合平台。全国造价工程师网络继续教育课程分类统计见表 8-1。技术类课程以清单计价、定额计价和工程技术内容为主，并有部分有关招投标、索赔及工程变更等内容；管理类课程以造价管理、项目管理和合同管理三方面为主；经济类课程以价值工程、成本分析和经济评价为主，也有项目融资及投资控制的内容；综合类课程以法律为主，还有英语、工具软件、FIDIC 合同、中国香港及国外同行业的业务介绍等内容。

造价工程师继续教育课程分类统计　　　　　　　　表8-1

一级分类	数量（个）	二级分类	数量（个）
技术类	45	清单计价	11
		定额计价	4
		工程技术	15
		招投标	7
		工程索赔	3
		规范规程	3
		工程变更	1
		项目审计	1
管理类	42	造价管理	22
		项目管理	9
		合同管理	6
		全过程造价控制	4
		成本管理	1
经济类	28	价值工程	10
		成本分析	9
		经济评价	4
		项目融资	3
		投资控制	2
综合类	27	法律及司法解释	7
		造价英语	8
		工具软件	5
		FIDIC 合同	2
		国外造价体系	2
		香港同行	2
		职业道德教育	1

二、我国造价员继续教育制度现状

（一）造价员继续教育制度沿革

造价员的前身是建设工程概预算员，预算员强调的主要是预算而非其他与工程造价相关的工作，而造价员则比较广泛（可以从事招标、投标、工程结算及审计等），由当地造价管理部门进行管理和继续教育培训。2005 年为贯彻落实《行政许可法》（2003 年 8 月 27 日第十届全国人民代表大会常务委员会第四次会议通过）和建设部《全面推行依法行政实施纲要》（建法 [2004]229 号）的要求，加强工程造价专业队伍的行业管理和整体素质的提高，确保工程概预算的编制质量，维护建设市场秩序，经研究并与各地和有关行业协会商议，建设部标准定额司印发《关于由中国建设工程造价管理协会归口做好建设工程概预算人员行业自律工作的通知》（建标 [2005]69 号），决定由中价协对全国从事建设工程概预算的人员实行行业自律管理；同年 9 月 16 日建设部办公厅以《关于统一换发概预算人员资格证书事宜的通知》（建办标函 [2005]558 号）将概预算人员资格命名为全国建设工程造价员资格；根据文件精神，中价协于 2006 年印发了《全国建设工程造价员管理暂行办法》（中价协 [2006]013 号），从此，国家开始实行造价员登记从业管理制度。2011 年中价协对办法进行了修订形成《全国建设工程造价员管理办法》（中价协 [2011]021 号），进一步规范造价员的自律管理工作。造价员百万大军的形成是社会分工和市场需求的结果，构成了工程造价行业人才队伍的基础，在工程建设领域工程造价的确定方面发挥着重要的作用。

（二）造价员继续教育管理现状

中价协对全国造价员实施统一的行业自律管理；各地区造价管理

协会或各地区和国务院各有关部门造价员归口管理机构（各管理机构）负责本地区、本部门内造价员的自律管理工作。全国造价员行业自律管理工作受住房和城乡建设部标准定额司的指导和监督。造价员继续教育由各管理机构组织实施，因地制宜，结合实际，采用网络教学和集中面授等多种形式，其内容需与时俱进，理论联系实际。造价员每两年参加继续教育的时间累计不少于 20 学时。造价员继续教育以面授为主，主要由地区及部门所辖的地级市及企业组织，开展网教的较少，随着各地方对网络技术的重视和云平台的建设，造价员网教也在陆续地发展建设中。

第二节　积极创新我国工程造价专业人才继续教育的建议

紧紧围绕建设工程市场需求的变化趋势，持续深入分析市场对工程造价咨询行业专业服务和人才综合执业能力的要求，充分借鉴国际经验，动员和利用全国高级人才培养机构、国际培训机构及社会各类人才培养力量，保障行业服务结构调整和升级的人才需求，积极创新我国工程造价专业人才继续教育。以经济社会发展和科技进步为导向，以能力建设为核心，行业主管部门充分发挥专业优势，形成统筹规划、分级负责、分类指导的继续教育管理体制。继续教育按照理论联系实际、按需施教、务实创新、培养与使用相结合的原则，围绕提高注册造价工程师职业胜任能力，积极创新认证体系、教育模式、培训课程、网络平台以及资源保障等，建立有助于会员终身学习的机制，全面形成培养人才的良好氛围和科学机制，促进行业人才可持续发展。

一、指导原则制定

（一）统筹规划、分级负责、分类指导

建立政府、行业协会、地方、企业及院校多位一体的工程造价专业人才的培养体系，政府规划管理，行业协会指导和监督，地方组织实施，企业明确能力标准和要求，院校进行有效针对性培养。继续教育以中价协为龙头、各地方造价协会及行业工作委员会为支柱、工程造价咨询企业和院校为基础，培训内容各有侧重，面授培训、远程教育、网络教育等多种形式相结合的多层次培养体系。

（二）理论联系实际

继续教育应以专业技术新理论、新知识、新技术、新方法为主要内容，突出针对性、实用性和前沿性，注重实操方面的工程案例，促进专业技术人员完善知识结构、增强创新能力、提高专业水平。

（三）按需施教

以服务会员，推动行业发展，加强人才队伍建设为己任，了解需求，拓展培训渠道，全方位提升各级各类工程造价专业人员能力水平。提高教育培训的实效性，一方面摸清需求，针对实际需求和普遍关心关注的问题，照单下菜；另一方面，要分类开展针对性培训，优化教育资源配置。

（四）务实创新

继续教育的第一任务就是培养适应社会与经济发展要求的具有创新精神和创造能力的高素质应用型人才。这是继续教育成功的标志，也是继续教育的重要内涵。继续教育不再是学历教育、执业教育的辅助手段，不再是提高财力、改善条件的创收手段，而是推动社会向终身学习型社会迈进的有效手段，是国家进一步培养各类创新型人才的助推器。继续教育必须以创新能力培养为教育理念，实施创新教育，并加强培训效果

的考核与评估，在提升工程造价人才水平上，务求实效。

（五）培养与使用相结合

鼓励企业、高校、职业院校、科研机构、学术团体联合开展继续教育活动，建立人才培养与使用相结合的协作关系，营造惜才、聚才、育才、用才的良好环境。

二、措施建议

（一）建立造价工程师分级分类继续教育管理和认证体系

1. 改革完善人才继续教育体制

依据《国家中长期人才发展规划纲要（2010—2020 年)》、《工程造价咨询行业发展战略》、《住房城乡建设部关于进一步推进工程造价管理改革的指导意见》，遵照工程造价专业人才培养与发展的基本原则，制定工程造价行业中长期人才发展规划，依据继续教育管理原则改革完善人才继续教育体制。以行业人才继续教育层级体系为主导，充分发挥政府、行业协会、地方、企业及院校多位一体的工程造价专业人才的培养体系，充分调动造价咨询企业人才培养"自动"机制，动员和利用全国高级人才培养机构、国际培训机构及社会各类人才培养力量，保障行业服务结构调整和升级的人才需求。

2. 鼓励造价咨询企业建立专业人力资源分类分级体系、培训体系、评价体系、考核体系和晋升制度体系

在目前造价工程师能力标准体系还未真正发挥作用的时候，造价工程师继续教育的内容应该参照学历教育、执业教育的体系设置，有延续性、有针对性地开展工作，逐步建立更加科学合理的人才终身教育体系。作为继续教育的主体，包括各级管理机构、行业社团、企业以及社会培训机构，其中企业是最贴近工作实际、最有责任加强队伍建设的一方。

支持和鼓励造价咨询企业发挥自身优势，积极探索建立专业人力资源管理配套体系，各级协会应积极开展相关的认证和评定工作，并推广先进经验、开展合作交流，共赢共进，促进专业人力资源分类分级、培训、评价、考核和晋升制度体系建设。

3. 支持造价咨询企业、地方协会针对不同的胜任能力培养要求，分类分级开发培训教材

继续教育培训内容应突出针对性、实用性和前沿性，促进工程造价人员完善知识结构、增强创新能力、提高专业水平。各工程造价咨询企业、地方协会及行业部门可针对造价工程师不同的胜任能力要求，分类分级开发培训教材，加强理论与实践的综合指导，既应注重工程造价理论的学术研究深度，更应积累丰富的工程实操经验；既要掌握通用基础知识，更要掌握专业业务技能；既要及时编制全国统一的继续教育培训教材，更要积极推进分类分级培训教材的开发工作，全方位提升各类别各地方造价工程师继续教育的水平。

4. 指导和推动地方协会健全继续教育制度，做好继续教育效果评价工作

中价协和地方协会应明确主体责任，充分调动自身资源、发挥自身优势，协调一致、分工协作，共同健全继续教育管理制度，搭建继续教育公共信息综合服务平台，提升为会员提供优质培训资源的能力，共同朝建设国家级工程造价专业技术人员继续教育基地的方向努力。中价协在加强自身队伍建设和业务建设的基础上，应积极指导和推动地方协会加强继续教育工作，建立健全继续教育公共服务体系。继续教育工作实行统筹规划、分级负责、分类指导管理体制，制定和实施效果评价制度，对单位总体工作、领导责任目标、活动过程内容、个人学习效果等实施评估。

（二）积极推动"互联网＋教育"优化继续教育资源配置

"互联网＋"已写入政府工作报告，正式被纳入顶层设计，成为国家经济社会发展的重要战略。各行各业将在全面拥抱"互联网＋"的战略中获益，在积极推动"互联网＋教育"的模式下，继续教育将更具创新性和灵活性，充分发挥市场机制的作用，有利于实现继续教育资源的优化配置。在线教育以及网络课程有助于改善教育资源分配不均等的现状，让每个人以更低成本获得更适合自己的学习资源，方便了学习，提高了效率，是深受广大学员欢迎的一种方式。随着在线远程学习模式朝着移动设备的转移，随时随地、及时便捷的移动网络课程将获得广泛应用，极大地帮助学员灵活安排学习时间，能够自主学习，个性化地学习、快乐地学习。随着网络教育"产品"交互性的提高和学员交流平台的建设，以往网络教育缺陷将有所弥补，优势将更加明显，师生交流、学员互动，相互学习、相互帮助、共同进步，将促使各岗位造价人员的业务能力、技术水平得到大幅提高。中价协及各级地方协会应继续加强以网络教育为主、集中面授为辅的造价工程师继续教育工作，积极推动和创新"互联网继续教育"的模式，更新继续教育理念、创新培训方式，以互联网思维优化继续教育资源配置，逐步建立卓有成效、全面到位、与时俱进的继续教育培训体系。

（三）造价工程师继续教育课程体系的设计

1. 我国造价工程师继续教育课程设置的整体思路

在目前造价工程师能力标准体系还未真正发挥作用的时候，造价工程师继续教育的内容应该参照学历教育和执业教育的情况设计。依据专业化、分层、多元化原则，综合目前工程造价各层次人才、造价工程师工作范围、经济和技术发展、工程造价国际化以及新的相关法律法规这四大要求，另外考虑到中国的一些特殊情况，整体的设计思路如图8-1所示。

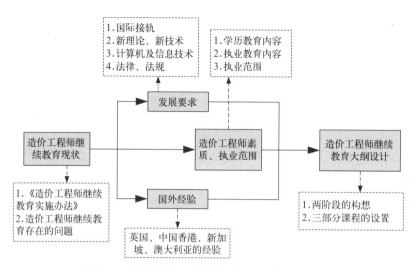

图 8-1 造价工程师继续教育课程大纲设计思路

2. 我国造价工程师继续教育的层次划分

通过对国际上工程造价继续教育发达国家经验分析总结，以及中国工程造价专业学历教育、执业教育和执业范围的研究分析，造价工程师继续教育的课程体系应分为两个层次，如图 8-2 所示。

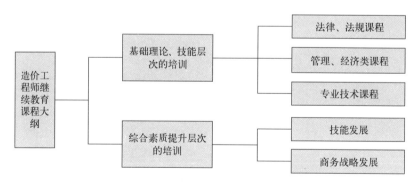

图 8-2 造价工程师继续教育课程大纲层次

课程体系的两层次主要是由于历史的原因造就的。首先中国绝大多数造价工程师都有较强的工科背景，而经济与管理方面的基础知识相对较弱，仅仅在造价工程师考试中学过一点浅显的工程经济和项目管理这方面的知识，远远谈不上系统性、连续性。因此，需要通过继续教育补课。其次，出于国家化发展的需要，必须培养一批高层次的工程造价国际性人才。所以在进行继续教育的过程中，要针对不同层次的需要设计不同的培训课程内容。

在两层次的课程体系设置中，第一层次为造价工程师所需技能的基础理论培训，不分专业、行业，采用统一的教材，属于工程造价专业通识培训。具体内容可分为法律、法规，管理、经济类和专业技术三部分课程。专业技术课程侧重于不同专业领域的造价从业人员的培训，可以按照一般项目、房地产项目、石油行业、电力行业、铁路行业和水利行业等进行划分和设计。第二层次为造价工程师综合素质提升层次的培训，是在普通职业教育基本完成后，将造价工程师继续教育培训分为两个不同的方向，商务战略发展（Business Strategy Development，BSD）和技能发展（Skill Development，SD），分别按照这两个方向的需要进行培训内容的设计，然后由造价工程师根据自身实际情况，自行选择。提升培训的内容应能更好地满足多层次的需求，不同层次的人员可在适当的范围内进行选择。整个造价工程师继续教育平台应向所有的造价工程师开放，由造价工程师根据自身情况在所开设的课程范围内自行选择。

3. 构建"菜单式"继续教育课程体系

根据造价工程师执业范围、胜任能力以及不同专业、不同机构工作内容的差异性，造价工程师的继续教育应突出因材施教、按需施教，通过建立分级分类继续教育管理和认证体系，进一步提升继续教育课程质量，加大继续教育课程数量，逐步构建科学合理的"菜单式"继续教育课程体系。

"菜单式"继续教育课程与传统的培训方式相比，将发生五大变化：一是学员学习态度发生根本变化，由过去的"要我学"变成"我要学"及"学我要"；二是学习方式发生变化，由原有的套餐式、板块式，变成灵活的组合式、海选式，大大提高学习效率及学习效果；三是学习时间发生变化，由过去的硬性规定学习时间变成弹性学习时间，学员可以自己安排学习时间；四是针对性发生变化，即针对不同水平和专业背景的人员提供分级分类的继续教育课程；五是时效性发生变化，课程制作与播放时间灵活，有成熟的、有价值的课程可以在开展不同形式培训的基础上及时更新到网教系统中，与时俱进并卓有实效地不断提升工程师水平。

菜单式继续教育模式的构建是推动会员发展、提供会员服务的重要环节，是推动人才战略实施的重要措施。中价协、各地方协会及专业委员会应协调一致，加大以网络为主的继续教育课程培训，分工负责、密切配合，共同促进"菜单式"继续教育课程体系的设置及资源保障等长期运作事项，将行业人才队伍的建设落到实处。

（四）造价工程师的继续教育需要加强相应的学科支持

随着我国经济体制改革的不断深入，工程造价管理领域的改革也在不断深入，并且其改革的力度非常大，可以说是在一个很短的时期内，就由计划体制转向了市场体制，工程造价管理人员面对的是全新的工作内容。虽然我们已经实行了执业资格制度，实行了造价工程师的全国统一考试，但是考虑到我们国家工程造价管理人员的现有素质水平，考虑到 21 世纪市场对工程造价管理人才的更高的要求，造价工程师除应具备工程师的技能素质以外，还应该在法律法规、管理、经济学理论、计算机等方面具有较高的水平，具有合理的知识结构，这就要求必须对造价工程师进行继续教育。

1. 国外继续教育的学科支持

从国外的情况来看，继续教育也是许多国家实行的造价工程师执业资格体系中的一项重要内容。例如美国，美国造价工程师协会（AACE）规定，造价工程师（CCE/CCC）认证的有效期为三年，此后需要进行再认证，以便帮助造价工程师掌握本专业的新知识、新技术、新方法。再认证可以通过两种方式来实现：考试或专业学分的积累，其中专业学分是根据造价工程师在工作、学习、教学、论文和服务等方面专业学分的获得均有明确的规定，如在学习方面，AACE 规定专业学分是按照继续教育单元（CEUs）来确定的，继续教育单元的内容主要包括四个部分：（1）参加造价工程／项目管理协会或分会的技术会议；（2）参加造价工程／项目管理协会举办的有关造价管理的研讨会及学术会议；（3）完成一门主要是由高校组织的造价管理方面的课程；（4）参加由高校或继续教育学校组织的发给证书的专业研讨会，其内容应包含造价管理方面的最新知识。

2. 我国造价工程师继续教育亟需学科支持

从目前我国举行的造价工程师考试来分析，按规定考试科目为四门，分别是：建设工程造价管理，建设工程计价，建设工程技术与计量，建设工程造价案例分析。这四门科目中，除了"建设工程技术与计量"外，其余科目所包含的内容虽然比较多，但深度均比较浅，还有一部分与工程造价有关系的知识内容，如经济学的有关知识、计算机知识等没有涉及，这就与客观实际工作的要求产生了一定的差距。工程造价管理的改革，要求造价工程师具有从事全过程、全面的工程造价管理工作的能力，这些能力的培养，涉及许多新的知识、新技术，需要造价工程师不断地接受继续教育，参加职业培训来更新知识结构，提高自己的业务技术水平。

造价工程师有其特定的职业岗位与工作内容。从发展的趋势来看，造价工程师的职业岗位将从传统的建筑业扩展到以建筑业、房地产业以及投资行业为主，涉及银行业、保险业等金融服务行业，法律部门、税务部门等服务与管理部门；其工作内容也将从工程造价的分析、控制与核算这种单一的工作内容扩展为以工程价款管理为核心的项目管理服务，包括工程造价（投资）的分析、控制与核算，工程合同管理与法律事务服务，工程项目管理服务，还包括为保险业提供的工程索赔理赔金额计算，为仲裁机构或法律部门提供的有关工程造价方面的权威性裁决意见等。不可否认，我国现阶段工程造价管理人员的业务水平同国际水平比起来是有一定差距的，其中最为明显的是缺乏对工程技术是如何影响工程造价的关联性分析能力，从而难以从造价管理的视角提出优化设计及施工组织方案的建议，这些都说明了原有的专业知识水平远远不能适应建筑大市场的需要，更不能适应在国际市场竞争的环境，所以对从业人员必须制定培训和再教育计划，并监督实施。这样才能培养出"高智高能的人才"。从这样一个发展趋势出发，对造价工程师的职业技能和专业知识的要求就会越来越高，造价工程师除应具备工程师的技能素质，以及工程造价（投资）的分析与控制的专业技能和知识外，还应具有经济与金融的基础知识、经济分析技术、项目管理技能、经济与建筑法律知识、计算机与信息系统的有关知识等，才能适应工程造价咨询等相关工作的需要。

（五）工程造价专业人才继续教育程序需要完善

继续教育制度不仅包括严格的培训课程、研讨会，还包括很多其他形式的学习方式。本报告参考 RISC 的继续教育制度，将我国工程造价专业人才的继续教育学习方式分为创新性学习、分析性学习、常识性学习和动态学习四类。由于继续教育制度对于个人能力的促进是一个循环推进的过程，因此必须制定系统的学习计划，只有这样才能增强专业人士的学习绩效。学习计划主要包括评价、规划、发展、总结四个阶段，如图 8-3 所示。

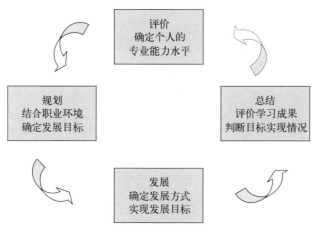

图 8-3　继续教育学习计划循环过程

由图 8-3 可知，继续教育程序主要包括评价、规划、发展、总结四个阶段。评价阶段是专业人才自我认识的过程，学习者通过对自身的经历和专业经验回顾和分析，从而客观地评价自己的专业水平；规划阶段的主要工作是确定未来发展目标，学习者将评价自己的能力水平与本领域所需要的能力进行比较，找出差距，并结合个人发展的职业环境和条件，确定出未来一定期限内能够确实可行的发展目标；发展阶段是目标实现的过程，学习者通过各种形式的学习，不断提升自己的能力；总结阶段主要是发展目标的实现情况评价，学习者需要对学习成果进行评价，据此判断能够实现自己的发展目标，并且继而确定下一步的学习要求。

继续教育制度对于工程造价专业人才专业能力的促进是一个循环推进的过程。为全面、系统地实施工程造价行业人才发展战略，实现行业人才培养目标、选拔行业高级人才，方便跟踪培养和专门培训行业领军人才，本报告提出实施工程造价行业领军人才后备队伍选拔测试，通过选拔性测试对成绩优异的学员进行系统培训，推进行业领军人才后备队伍建设。相关管理部门根据考生的成绩择优选择参加培训的学员，分阶段对参加培训的学员进行职业能力考核。学员通过参加培训逐步提升自己的执业能力和综合素质，通过定期考核制度认识到自己的不足，在能力提升和完善不足中最终成为工程造价行业的领军人物。

1. 工程造价行业后备人才队伍选拔测试的条件及内容

造价工程师行业领军人才后备队伍将采取笔试和面试方式进行。其中笔试将分为两个部分。第一部分为英语，总分 100 分；第二部分为综合能力测试，总分 100 分；第三部分为职业发展测评，该部分不计入总分，但将为考生提交一份职业发展测评报告。笔试优异者参加面试，面试范围包括英语和综合能力两个方面。符合下列条件的人员，可报名参加工程造价行业领军人才后备队伍选拔测试：

（1）取得造价工程师执业证书 4 年以上；

（2）具有项目经理及以上职称或具有大型建设项目的工程管理工作经验；

（3）年龄在 45 周岁以下，身体健康；

（4）具有良好的职业道德记录，近 4 年执业活动中没有因违法、违规受到处罚。

开展造价工程师领军人物后备队伍选拔工作主要是为了贯彻人才强国战略，全面促进工程造价行业人才发展，进一步提升工程造价行业人才工作水平和从业人员的业务素质，为继续培养能够承担国际业务、符合行业多元化发展要求的高层次人才提供保障。工程造价行业后备人才队伍选拔测试具体流程如图 8-4 示。

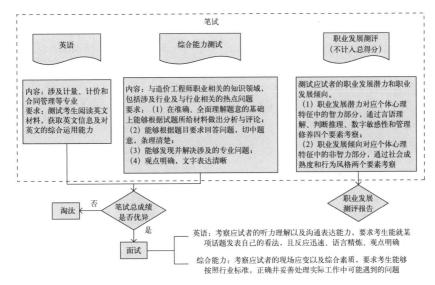

图 8-4　工程造价行业领军人物后备队伍能力要求

2. 工程造价行业领军人才的培训过程

培训管理部门根据参加工程造价行业领军人物后备队伍选拔考试的考生的成绩，按照从高到低的顺序，择优录取培训班学员。每届培训班的培训周期为 5 年，分为 3 个考核周期。第一个考核周期为培训的第 1～2年，第二个考核周期为培训的第 3～4 年，三个考核周期为培训的第 5 年，具体培养方式如图 8-5 所示。

本报告将工程造价行业领军人物培训过程划分为三个阶段，分别为核心拓展阶段、发展能力提升阶段及综合能力提高阶段，培训周期共计5 年。本报告制定了严格的考核评审机制，每阶段培训结束后，培训人员将根据参与培训学员完成任务情况，并结合学员的综合素质和整体能力，客观评价学员的发展潜力，形成量化考核结果。根据考核结果，在每阶段期末择优选取优秀学员进入下阶段培训学习。若学员能够顺利完成三个阶段的培训任务并得到优异的考核成绩，则在第三阶段结束后进

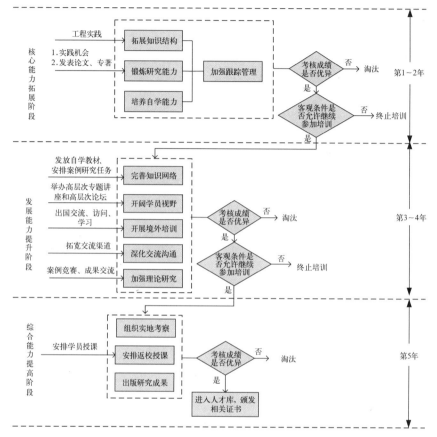

图8-5　工程造价行业领军人物培训过程

入工程造价行业领军人才库并颁发相应证书。

3. 工程造价行业领军人才的培训方式

培训期间实行集中培训与学习实践相结合的培训方式，通过建立学习、研究、实践、交流平台，系统学习知识，强化能力建设，不断完善学员知识结构，全面培养和提升学员的综合素质。培训由集中培训、跟踪管理和联合培训三部分组成。集合参与培训人员的工作实际，集中培训采取短期、多次集中的培训方式，每年举办若干次短期集中培训，集中培训结束即进入跟踪管理阶段，具体情况如图 8-6 所示。

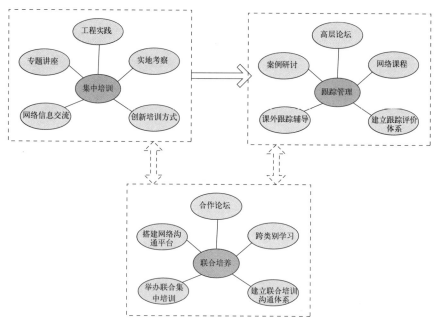

图 8-6　工程造价行业领军人物培训方式

由图 8-6 所示，通过集中培训、跟踪管理与联合培养三种培训方式相结合的方式，坚持"培养与使用相结合"的指导思想，实行激励与约束相结合的培训管理机制，建立健全培训管理方法，对学员实时跟踪管理，有助于督促和提高学员的业务水平。此外，不同类型领军人才之间联合培养由于信息的交流与分享，创造条件促进学员综合水平的提高。

第四篇

工程造价专业人才培养与发展战略组织与保障体系

第九章　工程造价专业人才培养与发展的战略组织体系

第一节　"多位一体"组织框架

项目管理理论指出，科学的组织体系是项目良好运行的前提。同样地，什么样的组织体系就决定着什么样的人才培养效果，工程造价专业人才培养与发展也需要先建立一个良好的组织体系。

2013年党的十八届三中全会指出："经济体制改革是全面深化改革的重点，核心问题是处理好政府和市场的关系，使市场在资源配置中起决定性作用。"为了深入贯彻落实党的十八大和十八届三中全会精神，住房和城乡建设部于2014年7月1日正式出台了《关于推进建筑业发展和改革的若干意见》（简称《意见》）。《意见》确定了今后一段时间我国建筑业发展和改革的指导思想与目标，提出要加快完善现代市场体系，充分发挥市场在资源配置中的决定性作用和更好发挥政府作用，紧紧围绕正确处理好政府和市场关系的核心，切实转变政府职能，全面深化建筑业体制机制改革；要建立统一开放的建筑市场体系，进一步放开建筑市场，推进行政审批制度改革，改革招标投标监管方式，推进建筑市场监管信息化与诚信体系建设，进一步完善工程监理制度，强化建设单位行为监管，建立与市场经济相适应的工程造价体系。

因此，为了建设一个适应当前经济改革与发展形势的组织体系，促进工程造价人才培养与发展，有必要进一步明确各主体的角色定位，分析各角色在工程造价专业人才培养中的职能与分工。

工程造价人才培养战略的顺利实施，离不开政府、行业协会、高校、企业等各部门之间的密切配合，在政府部门与行业协会的支持下，高校与企业加强合作，高校工程造价人才培养能够适应市场的需求并在立足社会与市场的基础上放眼世界；随着我国"一带一路"的战略构想的提出，人才培养要与国际工程对工程造价专业人才的技术能力要求接轨。这就使得工程造价专业人才培养与发展战略的实施离不开政府部门的监管，更依赖于造价行业协会、高校、企业之间的协同作用，形成政府、行业协会、高校、企业多位一体的工程造价专业人才培养与发展战略组织保障体系。体系内各部门各有分工，相互配合协调，保证信息传送的及时性和正确性。各部门之间的组织关系如图 9-1 所示。

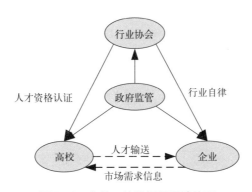

图 9-1　多位一体的组织保障体系

第二节 **主体角色定位与职能分工**

为顺利开展工程造价人才培养与发展战略，亟需定位政府部门、造价行业协会、高校、造价企业在战略实施过程的角色，以保证各部门分工明确，各司其职。根据工程造价人才培养战略多位一体的组织框架，本研究将政府部门、造价行业协会、高校、造价企业角色定位与职能分工如图9-2所示。

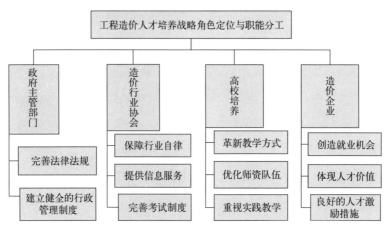

图9-2 工程造价人才培养战略角色定位与职能分工图

一、主体角色定位

（一）政府部门——行政管理和公共服务保障

政府部门负责人才培养与发展战略实施的管理和引导。首先，工程造价专业人才培养与发展需要政府的宏观管理以规范其行为。其次，政府作为建设行政管理部门，负有对工程造价及其相关行业进行管理的职责，也包括人才培养方面的管理。

1.政策引导，推动工程造价人才培养战略实施

通过政策引导，推动工程造价人才培养战略在院校、行业协会以及相关企业的推广实施。促进相关院校提高教学质量、加强工程造价专业

方向学科人才培养与社会需求相结合，强化全球化意识，加强我国工程造价专业人才国际交流与合作，努力培养一大批国际化高素质工程造价专业人才。

2. 完善行业法律法规，为工程造价人才培养战略实施提供良好的社会环境

我国法制化程度不高，法制建设尚处于起步阶段，工程造价行业无论从重要性还是从年产值来看都不逊色于会计行业，但会计行业已经有《中华人民共和国会计法》，工程造价行业尚无相应法律。政府部门应加快推进工程造价立法，以适应我国工程造价行业飞速发展的现状，同时加强市场决定工程造价的法律制度建设；现阶段我国各省市都存在着大量针对建筑及工程造价管理方面的地方性政策，这些政策多为地方政府或是行政主管部门针对当地建筑市场的情况制定，有些存在地方保护主义色彩，有些甚至已落后于市场的发展，与现行的国家大法抵触。因此，为了规范工程造价行业从业人员的执业行为，加强工程造价行业的自律管理，为工程造价人才培养战略提供良好的实施环境，政府管理部门应按照市场决定工程造价原则，全面清理现有工程造价管理制度和计价依据，为工程造价人才培养的战略实施，提供良好的法律环境。

3. 统一规划，提供行业信息

行业信息化的内容应包括工程造价管理法规体系、工程造价管理标准体系、工程计价定额体系、工程计价信息体系及企业管理信息系统。政府部门应制定统一的行业信息发展规划，诸如哪些资源由造价咨询行业统一开发、哪些由市场运作开发，哪些管理系统由咨询行业管理、哪些由社会自行管理等问题，避免各自为政，重复开发等乱象。

（二）行业协会——保障行业良性发展

行业协会负有行业自律管理的职责，也是工程造价人才培养与发展的行业自律管理者。行业协会应当推进造价咨询诚信体系建设，维护行业的可持续发展。

行业协会是工程造价专业人才培养与发展的支持者。比如，推进人才战略，全面提升工程造价专业人才水平，为工程造价行业提供人才支持。

行业协会是工程造价信息服务的提供者。首先，服务功能是行业协会价值的主要体现，建设服务型政府和协会也是我国体制改革的方向，提供信息服务是协会发挥服务职能的最核心手段；其次，行业具有最强的行业信息、行业资源整合能力，在信息服务提供方面具有较强优势。行业协会主要向工程造价专业人才提供两类信息，一类是行业发展信息，如行业企业信息、从业人员信息、行业信息化的基本情况等，二类是量大而面广的各种工程造价信息，如计价信息、要素价格信息、造价指标、指数等。

行业协会是政府、企业之间的桥梁，行业协会应当在两者之间起到沟通协调作用。行业协会应及时将企业及专业人才的诉求及时上传到政府，同时也应将政府制定的政策法规等信息下达给企业及专业人才，确保这些政策法规的顺利实施。

综上所述，行业协会是工程造价人才培养与发展的行业自律管理者、信息服务提供者、政府及企业之间的桥梁、工程造价专业人才培养与发展的支持者。

（三）工程造价人才培养机构保障——高校培养

工程造价专业是一类涉及工程技术、经济、管理、法律等多知识范畴的交叉学科[1]。目标在于培养能在国内外工程建设领域从事项目决

---

[1] 王雪青，杨秋波．工程管理特色专业建设的思考 [J]．中国大学教学，2011,(9):44-46.

策和全过程造价管理的应用型、复合型工程人才❶。随着建筑市场国际化的发展，工程造价管理的内涵发生了深刻的变化。工程造价管理已经从单纯的施工阶段造价管理，向前延伸到投资决策，向后拓展到项目后评估，形成了全过程、全生命周期的工程造价管理❷。因此，必须以科学教育发展观为指导，全面深化教学改革，创建新的人才能力培养模式并优化课程，以培养适应国际化需求的工程造价专业高素质特色人才。

1. 高校是工程造价专业人才教育理论研究的推动者

（1）对创新教育理论进行细致研究，为制定创新型人才培养计划提供理论支持；

（2）研究高等教育的大众化理论和建构主义理论，指导培养方案的制定；

（3）明确高等教育体系中培养目标、培养规格、教学计划等之间的关系；

（4）工程造价专业培养模式的制定要注重学历教育与执业教育的融合。

2. 高校是工程造价专业人才教育实践研究的实行者

（1）以创新教育理论、高等教育理论、学历教育和执业教育作为研究基础理论，通过对国家各项方针政策的解读，对市场需求进行广泛深入调查，确定工程造价专业人才培养目标及培养规格；

（2）在遵循教育规律的基础上，根据学科的发展和社会对人才的需求，构建既符合学习者认知规律，又符合讲授者教学要求的科学的课程

---

❶ 王学通，庞永师. 工程造价专业实验课程体系的研究与实践 [J]. 中国大学教学 ,2011,(1):77-79.

❷ 严玲，尹贻林. 应用型本科专业认证制度研究——基于英国及亚太地区工料测量高等教育极其专业认证的样本分析 [M]. 北京 : 清华大学出版社 ,2013.

体系；在遵循学科知识结构的合理性和逻辑性的规律上，不断更新教学内容，保持课程的前瞻性；

（3）从培养学生工程能力、创新能力的目标出发，探索适合工程造价专业的实践教学体系；

（4）为保证人才培养模式的顺利实施，研究制定一系列保障措施。

（四）企业保障——创造就业机会与实现价值

企业是工程造价专业人才培养使用的主体，也是其实现价值的载体。在工程造价专业人才培养与发展中，他既是人才需求信息的提供者，也是专业人才的培养者。

1. 企业是人才需求信息的提供者

在长期经营过程中，企业积累了对专业人才需求的经验。因此，在需要什么样的人才，专业人才需要掌握什么样的技能和本领方面，企业更有说服力。

2. 企业是专业人才的培养者

企业在创立和发展中，不断培养出掌握工程造价实际技能的专业人才，因此企业才是我国工程造价专业人才培养与发展的最重要的"教师"和"输血机"。

企业在对其工程造价专业人才培养中要坚持事业培养人、待遇激励人、情感留住人的方针，为人才设计职业发展规划，提供顺畅的晋升通道，培养员工对企业的认同感、归属感、荣誉感，吸引更多优秀人才进入企业，促进行业人才可持续发展。

二、职能分工

根据上述对工程造价专业人才培养与发展主体的角色定位，并结合我国当前正在进行的市场经济体制改革方向，将政府、行业协会、院校、企业在工程造价信息化建设中应具备的职能分析确定如下。

（一）政府的职能分工

见表 9-1。

工程造价专业人才培养与发展的政府职能　　　　表9-1

政府角色定位	中央政府职能	地方政府职能	关键职能	辅助职能
管理者	工程造价相关法律、法规建设	地方工程造价相关法规建设；国家相关的法律法规、政策文件的贯彻	✓	
	构建科学合理的工程计价依据体系，建立与市场相适应的工程定额管理制度	地方工程计价依据的构建，改革地方工程定额管理制度	✓	
	企业、行业协会人才培养活动的指导和监督			✓
引导者	制定人才培养战略框架，政策引导	地方范围内落实培养战略的实施	✓	

一个国家的政府可以分为中央政府和地方政府，他们各自的职能有一定的关系。地方政府的职能是对中央政府职能的承接，也是对中央政府职能的延伸。这一点同样体现在中央政府与地方政府在工程造价专业人才培养与发展中应发挥的职能中。中央政府负责统筹管理，是对地方政府职能的整合；地方政府结合地方特色等进行职能发挥，是对中央政府职能的细化。

根据政府不同的角色定位对政府在工程造价人才培养和发展上的职能分析论述如下：

1. 管理者角色

作为管理者，政府应给工程造价专业人才提供良好的工作环境，运用宏观管理手段管理行业，规范行业的人才培养与发展，并且发挥优化社会资源配置、保障社会公平职责。因此其职能主要可包括如下几点：

（1）工程造价相关法律、法规建设。由于工程造价咨询行业立法尚不完善，在一定程度上阻碍了工程造价行业的发展，也阻碍了工程造价行业的改革，进而影响了工程造价专业人才的培养与发展。因此必须加强工程造价法律、法规的建设来为工程造价人才的培养及发展提供保障。而政府作为工程造价人才培养与发展的管理者，有必要有责任加强工程造价相关法律、法规建设。

（2）构建科学合理的工程计价依据体系，建立与市场相适应的工程定额管理制度。由于我国施工企业大多没有企业定额，大家仍然在参考政府的计价定额进行报价，导致政府的计价定额仍然是承包商投标报价必不可少的依据。定额要科学，要能够和市场对接、反映市场的实际水平。然而我国定额修订年限一般为 5 ~ 10 年，这种模式显然无法保证定额的科学性和动态性，也使得定额编制水平不高。解决以上问题应从以下几个方面着手：完善顶层设计，逐步统一各行业、各地区的定额编制规则；利用信息技术缩短修编周期；引入竞争机制，提升编制质量；调整定价机制，杜绝以量补价；同时适时建立起定额编制质量的核定标准。

（3）企业、行业协会人才培养活动的指导和监督。即对企业、行业协会的活动进行定期或不定期的监察督导。了解和掌握企业、行业协会的活动状况，监督其行为是否符合国家政策规定、工程造价人才培养与发展规划要求等，通过外部力量对企业、行业协会形成一定的制约机制，以确保工程造价人才培养与发展战略的正常实施。

2. 引导者角色

作为引导者，政府主要是制定人才培养战略框架，政策引导。

工程造价人才培养与发展规划制定，即对发展进行总体布置。政府应从全局、长远、战略的高度对全国的工程造价人才培养和发展做出规划，把握整体发展方向。

（二）行业协会的职能分工

在分析行业协会在工程造价人才培养和发展建设中的具体职能前，可参考典型发达国家行业协会特点及职能。典型发达国家行业协会特点及职能概述如表 9-2 所示。

典型发达国家行业协会特点及职能概述　　　　　　　　表9-2

国家	行业协会特点	行业协会职能
美国	不受政府干预，高度自治，独立性强，并以服务会员、维护会员合法权益为宗旨	（1）企业自律； （2）提供信息咨询服务和政府事务帮助； （3）多向协调
法国	法国最典型的行业协会就是分布在全国各地的工商会，在法律授权下，它具有政府的某些行政职能，同时又是工商企业利益的代表	（1）代表工业、商业、服务业企业，向政府提出法律议案或对政府法律议案提出意见； （2）直接集资、投资建设一些大型项目； （3）代表国家管理公共设施； （4）教育培训； （5）为企业提供服务； （6）办理企业登记注册
德国	德国的行业协会主要是分布在各地的工商会。作为非官方性质的企业议会组织，工商会起着帮助和保护企业的作用，并以企业代言人的身份沟通企业与政府间的联系	（1）积极反映会员企业的意见、建议和要求； （2）积极支持企业发展，提供信息和咨询服务； （3）负责指导企业抓好工人职业技能培训
日本	日本的行业协会吸收和借鉴了大陆法系和英美法系两个不同法系地区行业协会的有益做法和成功经验	（1）促进政府与企业的结合，发挥政府与企业间联系纽带的作用； （2）协调成员企业间的利害关系，维持正常的生产经营秩序； （3）在成员企业间开展互利的产、供、销研究，推动所属企业的同步发展； （4）共同建立企业经营外部环境，联合筹措资金和修建共同的生产辅助设施； （5）集中搜集产、销情报，在成员企业间交换，增强企业对市场的应变能力； （6）提供培训条件，提高企业人员素质

参考借鉴典型发达国家行业协会的职能，充分考虑我国行业协会与政府职能部门联系密切的现实和行业协会作为企业和政府间桥梁所具有

的优势，将行业协会在工程造价专业人才培养与发展中应发挥的职能总结为表9-3所列的各项职能。

工程造价专业人才培养与发展的行业协会职能　　　　表9-3

行业协会角色定位	中国建设工程造价管理协会	地方及各专业造价管理协会	关键职能	辅助职能
行业自律管理者	工程造价相关法律法规的贯彻；工程造价相关国家标准规范的贯彻与推广	工程造价相关法律法规的贯彻；工程造价相关国家标准规范的贯彻与推广		✓
	行业、协会技术标准、规范的制订和发布	国家、行业、协会技术标准、规范的贯彻推广；地方行业协会技术标准、细则的制订	✓	
	行业协会自律制度建设与运行	地方行业协会自律制度建设与运行	✓	
	企业及专业人才活动的指导和监督			✓
信息服务提供者	行业工程造价信息库建设	地方行业工程造价信息库建设	✓	
	行业服务信息化平台建设	地方行业服务信息化平台建设	✓	
	工程造价信息的研究和发布		✓	
	行业发展信息的研究与发布	地方行业发展信息的研究与发布		✓
上传下达者	促进政府、企业间的沟通交流			✓
支持者	人才培养与考评工作的实施		✓	
	组织工程造价人才继续教育			✓
	研究对全国高校工程造价专业进行专业认证工作			✓
	协助政府制订并推动我国工程造价行业的规章制度			✓

如上述中央政府与地方政府职能关系相同，地方造价管理协会职能是中国建设工程造价管理协会职能的承接与延伸。中价协负责整个工程造价信息化建设的运作，是对地方造价管理协会职能的整合；地方造价协会则是将这些职能进行细化，使其与地方特色相结合。

根据行业协会的不同角色定位，以下将对其角色相对应的职能进行论述：

1. 行业自律管理者

作为行业自律管理者，行业协会应对工程造价管理活动中的企业行为、从业人员行为做出具体规定和引导等，以更好地规范企业从业人员行为。

行业协会自律制度建设包括建立行业协会自律公约、行业／企业诚信机制等。建立全国统一的信息平台，实现企业和人员基本信息的互联互通；完善诚信体系制度保障，研究工程造价信用信息管理办法，建立企业及专业人才的信用信息档；研究制定统一的行为评价标准；摸清各地、各行业工程造价专业人才管理现状，研究并提出加强工程造价专业人才从业行为监管的措施与意见，完善全国统一自律管理制度，推进企业及专业人才诚信体系建设，对失信者给予惩戒，对守信者给予奖励，最终形成讲诚信的行业环境。

2. 信息服务提供者

随着行业协会职能的不断改革，服务功能将成为行业协会价值的最主要体现，而且由于行业协会具有较强的行业信息、资源整合能力，在信息服务提供方面具有较强优势，因此行业协会应积极地为社会、为行业提供造价信息服务。行业协会应当成为行业内最主要的信息服务机构。

作为信息服务提供者，行业协会可具有如下职能：

（1）行业工程造价信息库建设。行业协会要作为造价信息服务的提供者，需要有价值的工程造价信息库。因此行业协会应当依靠自身行业资源整合优势，利用市场手段和自身努力收集、汇总、加工、建设各类工程造价信息库。

（2）行业服务信息化平台的建设。信息库的使用和推广、行业服务的开展均离不开信息化平台的支持。行业协会应当建设面向全国全行业的行业服务信息化平台。通过该平台，行业协会可向社会和全行业提供包括计价依据、计价信息、造价指标、造价指数、已完工程案例等在内的各类造价信息服务。

（3）工程造价信息的研究与发布。行业协会除了收集行业各类造价信息外，还应研究、发布经过加工、整理的更有价值的造价信息，这些信息既包括可反映工程价格及其变动趋势的造价指标和指数，也包括承发包双方确定工程价格所需的各类计价依据（如定额）。就造价指标和指数而言，行业协会尤其应建立住宅和公共建筑工程造价指标和指数体系，为政府的宏观调控和相关企事业单位的投资决策及工程造价确定、控制和调整提供信息服务。

（4）行业发展信息的研究与发布。行业协会应对行业的发展信息，如行业结构、企业信息、从业人员信息、行业信息化基本情况、行业发展方向、发展战略、前沿技术等进行统计、研究并及时发布结果，供政府、企业了解行业发展情况。

3.沟通与支持服务者

（1）促进政府、企业间的沟通交流。行业协会作为政府与企业之间的桥梁枢纽，有必要促进政府、企业间的沟通交流，以保障工程造价信息化的顺利实施。

（2）人才培养和考评工作的实施。受住房和城乡建设部委托，负责全国工程造价专业人才的考试选拔工作及职业资格岗位证书的注册等工作，同时组织造价工程师考试培训教材的编写，在教材编制及考试中注重对工程造价专业人才的实务操作和专业需求，同时研究造价工程师报考条件的改革。

（3）加强行业领军人才培养，培养我国行业领军人才。与高校建立

产学研结合的国际工程造价管理人才培养，并与企业直接对接。加强与
高校联系，指导工程造价专业学科建设，搭建高校与企业联系桥梁。

（4）受住房和城乡建设部委托，负责办理造价工程师初始注册、续
期注册及变更注册等有关手续。指导各省级、部门注册机构办理造价工
程师初始注册及后期管理等工作。

（5）协助政府制定工程造价相关法律法规、产业政策等。如专业人
才职业道德准则、业务操作规程、《工程造价标准体系》等。

（三）高校的职能分工

见表9-4。

工程造价专业人才培养与发展的高校职能 表9-4

高校角色定位	职能	关键职能	辅助职能
工程造价专业人才教育理论研究推动者	研究创新教育等理论；注重学历教育与执业教育的融合	✓	
工程造价专业人才教育实践研究实行者	确定工程造价专业人才培养目标及培养规格	✓	
	更新教学内容；创建适合工程造价专业的实践教学体系	✓	

1. 工程造价专业人才教育理论研究的推动者

对创新教育理论进行细致研究，为制定创新型人才培养计划提供理
论支持；研究高等教育的大众化理论和建构主义理论，指导培养方案的
制定；明确高等教育体系中培养目标、培养规格、教学计划等之间的关系；
注重学历教育与执业教育的融合。

2. 工程造价专业人才教育实践研究的实行者

以创新教育理论、高等教育理论、学历教育和执业教育作为研究基
础理论，通过对国家各项方针政策的解读，对市场需求进行广泛深入调

查，确定工程造价专业人才培养目标及培养规格；在遵循教育规律的基础上，根据学科的发展和社会对人才的需求，构建既符合学习者认知规律，又符合讲授者教学要求的科学的课程体系；在遵循学科知识结构的合理性和逻辑性的规律上，不断更新教学内容，保持课程的前瞻性；从培养学生工程能力、创新能力的目标出发，创建适合工程造价专业的实践教学体系。

（四）企业的职能分工

见表 9-5。

工程造价专业人才培养与发展的企业职能 表9-5

企业角色定位	企业职能	关键职能	辅助职能
人才需求信息提供者	专业人才专业需求、能力需求	✓	
专业人才培养者	创造就业机会，吸引、激励和留住人才	✓	
	建立专业人才发展通道	✓	

1. 作为人才需求信息提供者

各企业应把各种需求信息向政府、协会、高校不断提供，如对专业人才的专业需求、能力需求等等。这样各方才能形成合力，政府、协会和高校会根据企业及专业人才的具体需求及时调整有关政策，为企业提供更为适合的服务。

2. 作为专业人才培养者

一方面企业应创造就业机会，通过各种手段吸引、激励和留住人才，只有把各种人才吸引在企业周围，企业才能发展。另一方面企业应完善内部机制，建立专业人才的发展通道，使得专业人才在企业内部实现自身价值。

协同机制

一、政府牵头，形成政企学研一体化

产学研合作已经不是一个新概念，作为推进高校和科研院所科技创新成果转化的有效途径，它在诞生之初就天然地将政府、企业和高校及科研院所紧密地联系在一起。由政府出台相关政策来推动产学研一体化的发展，在强有力的政策保证下使产学研合作得到快速发展。在政府政策的保证下，高校与企业应充分利用学校与企业、科研单位等多种不同教学环境和教学资源以及在人才培养方面的各自优势，尤其企业在培养学生综合素质中具有独特的、学校不可替代的作用。通过产学研的教学模式，使得高校形成将课堂传授知识为主的学校教育与直接获取实际经验、实践能力为主的生产、科研实践有机结合的教育形式。从根本上解决学校教育与社会需求脱节的问题，缩小学校和社会对人才培养与需求之间的差距，增强学生的社会竞争力。

二、紧跟行业发展，实行校企互动

产学研合作教育是学校、科研单位和产业合作进行的教育。对高等工程教育来说，产学研合作教育应当使学生了解工程领域的科研方法，掌握相关产业的最新动态，应当培养学生的综合科研能力。即：获取知识的能力、独立解决问题的能力和创新能力，并提高学生的综合素质。合作教育的内容应既有实践又有理论；合作教育的实施应既体现在实际工程科研的训练中，又体现在学校的课堂教学中。理论部分由课堂教学完成，即在学生的课堂学习中增加科学研究的内容；实践部分由工程科研训练完成，即实践能力在工程科研训练中培养，且用所学理论指导实践。如果产学研合作教育只注重增加学生的实践机会，那是很不够的。

贴近行业，实行校企互动，是工程造价专业能否办出特色的必备条件，做法有如下几种：一是积极参与建筑行业的各项活动，加入建筑行业的各大企业，发挥专业各种资源，直接为行业各企业提供服务，在服务中找准专业定位。二是建立行业专家为主的专业指导委员会，定期为专业发展"把脉"。三是深入行业各企业掌握经济与技术发展的第一手资料，参与企业的科研、技改，使专业建设积累生产一线的"教学资源"。四是主动参与企业的人力资源开发计划，为企业提供优质对路的毕业生，同时也为毕业生就业工作打好基础。五是发挥高职院校专业培训的强项，为提高企业职工队伍素质提供培训。

三、创新产学研合作教育人才培养模式，突出能力教育

通过"产学研"与校企合作，培养人才的模式主要有几种：一是定向式就业导向模式，以人才交流中心的预分配形式，高校与企业实行定向式就业，使毕业生与企业岗位实现了"零过渡"。二是"订单式"培养模式，以高校与行业各企业以招生入手签订订单式培养模式，实行高校企业共同培养人才。三是实践性教学培养模式，即学生除了在校学习基础理论知识和专业知识之外，在最后一学年到企业顶岗，边工作边学习。学生的作用不仅仅是观察，而是以一个职业人的身份接受任务，并且保质保量地完成实习单位交给的工作。确定了产学研人才培养模式，要突出能力教育。一是要建立产学研合作委员会，及时了解与本专业相关的最新动态，听取先进建筑业对人才的需求。二是要实现课程体系的开发，课程开发建设从微观上反映了人才培养的质量。工程造价专业课程设置应加强操作实训课程，提高学生操作熟练程度，适应专业岗位群的需求，在专业课程设置结构上突出"宽"、"实"、"活"、"新"的特点。

"宽"主要是指专业覆盖面宽，如工程造价专业的课程设置覆盖房屋建筑工程、安装工程（水暖电）、建筑装饰工程和道路桥梁工程等主要方面的工程造价。"实"是指注重内容的实习性。课程内容与职业资格岗位证书、执业资格证书考试内容相适应，搭平台，打基础。"活"是指课程结构要适应岗位的要求和学生的需求适时地进行调整。"新"是指课程内容及时反映本专业的新知识、新技术、新工艺和新方法。三是以能力为本，突出技术教育。以能力为本，突出了从职业能力要求入手开发专业以达到培养高技能人才的需求。职业能力包括公共职业能力，专业技术应用能力和创新能力。公共职业能力是指围绕本专业要求，培养学生具备相应基本职业能力，达到相应的技能等级，如获得外语等级证书、计算机等级证书等；专业技术应用能力是指培养学生熟练掌握各专项技能，通过课程设计、毕业生产实习、专业综合活动等途径完成相应的职业活动，达到专业要求的技能标准，取得国家职业资格证书，全面推行学历证书以外的技能证书制度，注重培养和提高学生动手能力和社会适应能力，把职业技能鉴定纳入教学计划之内，是必不可少的教学环节之一；创新能力是指重视智力技能的开发与训练，通过设计、制作、技能竞赛、策划主题活动、自主创业、社会实践等活动，拓宽学生思路，形成创新的思维方式，培养学生创新技能与智力技能。

四、学习产学研机制优势，加强产学研机制研究

工程造价人才培养产学研合作教育模式具有明显优势，产学研不仅弥补了高校经费不足，还可以充分利用建筑企业场地、设备、管理经验、技术的优势和高校模拟不到的教学情境来培养学生的真实感受。教师是教学、科研的主体，也是办好专业的关键，拥有双师型师资是工程造价专业建设发展的灵魂。通过产学研合作教育，专业教师可以带学生实习

的机会或专门到企业进行专项培训，解决教师理论教学较强而实践教学偏弱的问题，同时教师在了解企业技术知识结构后，能有目的的进行教学内容和教学方法的调整，提高专业教师实践教学水平。产学研合作教育还有利于专业教材开发和建设，专业教师在编写教材过程中，通过自己在建筑行业企业的亲身实践，把企业独有的，社会上并不公开的技术资料充实在教材当中，或采纳企业专业的意见修改教材。现代教育强调以学生为主体的教学原则，产学研合作教育使学生获得最大利益。通过产学研结合，学生在企业边工作边学习，完成学院和企业双方交给的任务，接受双方教师的指导，企业实习工作时融入企业真实的工作环境，能尽快适应岗位的要求，可以缓解企业用人的紧迫性。这样，企业考察学生，学生也考察企业，双向选择，择优录用。学生经过在企业的学习锻炼，就业渠道增多，增加就业机会，使绝大多数学生通过产学研合作教育找到称心如意的工作。建立和实行产学研合作教育是高校工程造价专业教学的发展方向和必由之路，主动适应市场需求，推动学生就业，加强产学研合作机制的研究，调动企业参与积极性，深化产学研合作改革，不断提高产学研合作教育的质量，努力探索新的条件下专业教学改革的新途径和新模式。

第十章 工程造价专业人才培养与发展的战略保障体系

第一节 工程造价专业人才培养与发展的政策保障

政策是社会政治组织以权威形式，为完成特定工作目标而制定的标准化规定。专业人才的健康发展是在国家良好的政策背景大前提下。2010 年国家颁布《国家中长期人才发展规划纲要（2010-2020）》，其中提到十条重大政策："实施促进人才投资优先保证的财税金融政策；实施产学研合作培养创新人才政策；实施引导人才向农村基层和艰苦边远地区流动政策；实施人才创业扶持政策；实施有利于科技人员潜心研究和创新政策；实施推进党政人才、企业经营管理人才、专业技术人才合理流动政策；实施更加开放的人才政策；实施鼓励非公有制经济组织、新社会组织人才发展政策；实施促进人才发展的公共服务政策；实施知识产权保护政策。"2011 年，中组部、人社部发布了《专业技术人才队伍建设中长期规划（2010-2020 年)》（简称《中长期规划》），规划提出我国专业技术人才发展的 32 字基本原则"服务发展，人才优先；以用为本，创新机制；高端引领，强化基层；分类开发，协同推进"，确立了"建成一支能够支撑和引领我国现代化建设、规模宏大、结构合理、素质优良、具有强大国际竞争力的专业技术人才队伍"的总体目标，《中长期规划》在当前和今后一个时期都是我们高校人才培养和人才队伍建设的一个重要纲领性文件。工程造价专业人才是众多专业人才中的一种，而且工程造价专业是一个政策性、实践性、综合性很强的专业，因此为了工程造价专业人才的培养与发展就需要良好的政策保障机制。

目前，为了规范我国工程造价行业执业人员的执业行为，政府主管部门已经通过一系列的法律、法规和规章制度等对造价咨询行业和造价工程师的执业进行规范，主要有《中华人民共和国建筑法》、《中华人民共和国预算法》、《工程造价咨询企业管理办法》(建设部第 149 号令)、《注册造价工程师管理办法》（建设部第 150 号令）。除此之外，工程造价行业协会也发布了一些规章制度来规范造价行业执业行为，如《造价工程师执业资格制度暂行规定》（人发 [1996]77 号）、《关于实施造价工程师执业资格考试有关问题的通知》（人发 [1998]8 号）等。但仅仅有这些法律法规仍旧不够，还需要建立更加完善的政策保障机制，为工程造价专业人才的培养与发展保驾护航，具体内容如下：

（1）建立和完善具有中国特色的"政府宏观调控，企业自主报价，竞争形成价格，监管行之有效"的工程造价的形成机制。

（2）构建以工程造价管理法律、法规为制度依据，以工程造价标准规范和工程计价定额为核心内容，以工程造价信息为服务手段的工程造价管理体系。

（3）在"加强政府引导监督，完善行业自律，实现公平守信"的方针指导下，促进工程造价咨询业的可持续发展。

（4）地方政府要清理现行的政策法规[1]。现阶段，我国各省、市及自治区都存在着大量的针对建筑及工程造价管理方面的地方性政策。这些政策多为地方政府或是行政主管部门针对当地建筑市场的情况制定

---

[1] 张艳. 工程造价专业创新型人才培养模式改革研究 [D]. 西安：长安大学，2012.

的，有些存在着地方保护主义色彩，有些已落后于市场的发展，与现行的国家大法相抵触。因此，各地政府和主管部门要对这些地方性的政策法规进行彻底的清理和整顿，对与现行国家法律有抵触的，或是有碍于市场公平竞争的要立即废除，对有便于主管部门对建筑市场进行行政干涉的政策要进行修改、调整，使政府主管部门对建筑市场的管理职能规范在宏观调控和依法管理上。

贯彻十八大报告指出的加快人才发展体制机制改革和政策创新，推进人才发展政策创新，以政策创新带动人才发展体制机制改革，是不断完善我国工程造价专业人才管理体制和工作机制的重要举措，对于激发相关人才创造活力、构建具有国际竞争力的人才制度优势，也具有十分重要的意义。

第二节　工程造价专业人才培养与发展的制度保障

目前，我国工程造价行业执业环境缺乏必要的监督和约束机制，有关工程造价管理相关的法律法规制定时期比较早，已逐渐滞后于国家经济发展的步伐，有关的政策各地方在执行时差异较大，无法保护法律法规的严肃性，地方上的许多操作和政府、行业总体的指导不力，造成了造价行业发展中的困境。如工程造价咨询业，其不良记录都是年终综合考评，而后再进行公示（即事后评估，没有时效性），这种方式对失信企业的惩戒效果作用不大，不能有效、及时地约束从业人员的行为；另外，由于工程造价咨询企业内部业务质量控制薄弱，企业外部监管力度不足，往往导致了谁委托倾向谁的后果，并没有做到独立、客观、公正。因此亟须加强工程造价人才培养规制度保障，不仅要逐步建立多层次法律法规框架体系，还要建立对专业人才的准入清出制度及行业和个人诚信制度。

一、完善工程造价行业法律法规

政府主管部门应进行适当的政策调整，适应市场需求，健全工程造价行业执业标准体系，并建立起相应的更新机制。进一步规范市场交易行为，推动完善税收政策和职业保险制度，健全工程造价行业法律责任，为行业持续稳定快速发展提供保障。

（一）国家法律层面

在国家层面上应在全国人大制定的《中华人民共和国建筑法》、《中华人民共和国合同法》、《中华人民共和国招标投标法》、《中华人民共和国价格法》制订和修订中涵盖工程造价管理的主要内容、管理原则，完善相关制度。其中《建筑法》确定的是工程造价（工程价格）管理的基本制度；《合同法》明确的是合同管理的基本原则，以及建设工程合同管理的原则要求和内容等；《招标投标法》确立的是发承包制度和价格形成机制；《价格法》明确的是价格管理原则和属性。

（二）行政法规层面

国务院制定的《招标投标法实施条例》、《建设工程市场管理条例》（制定中）等相关法规的是根据《中华人民共和国建筑法》、《中华人民共和国合同法》、《中华人民共和国招标投标法》、《中华人民共和国价格法》等上位法，进一步明确工程管理的内容和有关制度。完善的经济立法是市场经济健康发展的基本要求，从工程造价在工程管理中的作用看，工程造价是工程建设各方关注的焦点，对工程建设的各要素发挥着重大的制约作用，因此，从立法规划上，有必要单独制定与《建设工程质量管理条例》、《建设工程安全管理条例》具有同样地位的《建设工程造价管理条例》，明确工程造价管理的原则、内容和相关制度。

（三）部门规章层面

住房和城乡建设部作为国务院建设行政主管部门肩负着工程造价管理的部门立法职责，应依据有关上行法律法规的原则要求，完善行业规章。目前，已经制订了《建筑工程施工承发包计价管理办法》、《建设工程结算管理办法》、《工程造价咨询资质管理办法》、《造价工程师注册管理办法》、《建筑安装工程项目费用组成》、《建设工程造价咨询规范》等规范性文件，进一步明确了工程造价管理的职责、任务，工程造价咨询的业务范围，这些规范性文件通过完善或推进工程量清单计价、国有投资项目招标控制价、工程结算审查和备案、工程经济纠纷调解等制度设计，为工程造价咨询业的稳定和拓宽服务范围营造了法律依据。

铁道、交通运输、电力、水利等国务院相关专业工程建设部门亦依据国家的法律法规和建设行政主管部门的行业规章，完善自身业务管理范围内的行业规章，编制相应的建设工程造价管理办法。

（四）地方性法规规章层面

地方通过省、自治区、直辖市人民代表大会及其常务委员会或人民政府的立法形式来颁布的工程造价管理有关规章。目前各地依据国家的法律法规和建设行政主管部门的行业规章已有 23 个省级单位颁布制订了相应的建设工程造价管理条例或建设工程造价管理办法等专门规章，完善了其行政区域内的地方法规和规章，这是对国家有关法律的落实与完善。

工程造价管理法规体系是工程造价管理的政策和制度依据，在市场经济体制下完善的经济立法是维护市场秩序和实现工程造价科学管理的前提，只有通过立法和制度完善，才能最终构建一个"法律规范秩序、健全交易规则、竞争形成价格、监管有据可依"的中国特色的工程造价管理体制。

二、不断完善行业人员选拔和准入清出制度

（一）健全准入制度

尽快完善资格管理制度，为了促进造价行业合理格局的形成，必须从工程造价专业人才源头着手，制定有效的准入和清出制度，引导行业实现优胜劣汰。以造价工程师为例，应采取的措施如下：

一方面，完善对于工作年限和参考专业等指标要求，继续完善考试质量控制制度和组织管理制度，规范考试组织管理，进一步提高考试工作质量，推进考试组织工作的科学化；另一方面，对执业人员情况作出更加严格和高标准的规定：严格要求专职技术人员能力范围，制定不同能力标准，注重专业人才的实践工作能力。

（二）完善清出制度

研究完善工程造价专业人才的清出机制。加大违规企业和执业人员的违规成本，对问题较突出的工程造价执业人员，可以利用预警提示或约谈等措施，督促其限期改正。逾期不改的，采取进一步措施予以处理，直至清出。

（三）健全造价行业内部机制，发挥桥梁纽带作用

（1）行业协会应尽快制定并发布规范工程造价行业内部治理的指导意见，以便引导工程造价行业内部加快完善内部机制。

（2）健全行业管理制度体系，进一步完善注册管理、分所管理、执业管理、专业建设、继续教育、收费管理、财务管理、综合评价、会员维权、执业责任管理等方面的管理规范。

（3）行业协会要发挥桥梁纽带作用，加强与政府的沟通，充分反映造价行业诉求，搭建政府与工程造价行业从业人员的互动交流平台，加大资源投入，组织制定和推广行业规范。积极开展培训、科技推广、经

验交流、国际合作等活动，加强自身建设，提高服务质量和工作水平，增强凝聚力，提高社会公信力，使行业协会成为符合时代发展要求的新型规范的社会组织。

三、提高造价行业执业信用，推进工程造价行业诚信建设

（一）政府主管部门——推进行业信用诚信建设

在工程造价行业诚信建设过程中，政府主管部门的管理占主导地位，其主要职责为建立统一开放、竞争有序的市场，为全行业创造一个有利的外部环境；建立、健全行业法规体系，加强执法监督，依法规范市场；为工程造价行业提高执业信用，建立行业诚信体系，加强可靠的法律法规保障，并为实行专业人员职业资格注册制度等，推进造价行业实现法制化管理。

（二）行业协会——完善诚信行业环境建立

在工程造价行业诚信体系的建立过程中，中国建设工程造价管理协会及各地方工程造价管理协会，也起到了不可替代的作用。

（1）接受政府部门委托和批准开展以下工作：协助开展工程造价行业的日常管理工作；开展注册造价工程师考试、注册及继续教育、工程造价专业人才队伍建设等具体工作；组织行业培训，开展业务交流，推广工程造价咨询与管理方面的先进经验；依照有关规定经批准开展工程造价先进单位会员、优秀个人会员及优秀工程造价咨询成果评选和推介等活动；代表中国工程造价咨询行业和中国注册造价工程师与国际组织及各国同行建立联系，履行相关国际组织成员应尽的职责和义务，为会员开展国际交流与合作提供服务。

（2）咨询与管理改革和发展的理论、方针、政策，参与相关法律法规、行业政策及行业标准规范的研究制订并组织实施工程造价咨询行业

的规章制度、职业道德准则、咨询业务操作规程等行规行约，推动工程造价行业诚信建设，开展工程造价咨询成果文件质量检查等活动，建立和完善工程造价行业自律机制；研究和探讨工程造价行业改革与发展中的热点、难点问题，开展行业的调查研究工作，倾听会员的呼声，向政府有关部门反映行业和会员的建议和诉求，维护会员的合法权益，发挥联系政府与企业间的桥梁和纽带作用。

四、加强行业自律与个人信用制度的建立

一方面公平竞争有序的市场环境，既要国家法律法规的维护，又要靠自律诚信建设；另一方面建立工程造价咨询企业和造价专业人才的双向信用评价体系和信用档案，形成以道德为支撑，法律为保障的信用制度，建立信用监督和失信惩戒制度，可以促进行业良性循环。

（一）行业自律体系的建设

行业自律包括两个方面，一是行业内对国家法律、法规政策的遵守和贯彻，二是行业内的行规制约自己的行为。而每一方面都包含对行业内成员的监督和保护机能。工程造价行业的自律体系的建设，包括完善行业自律管理的法律规定，建立行业诚信体系以及执业标准体系等，具体有以下措施：

（1）严格执行相关的法律法规，促进行业有序发展；

（2）制定和落实行业相关行规，推动行业规范健康发展；

（3）督促行业提供优质、规范的服务，杜绝不诚信执业行为。

工程造价行业的自律体系要从诚信体系建立开始，工程造价行业诚信体系的建设，主要包括四个方面的工作：不同层面、不同业务领域自律规则和自律公约的制定；机构和个人诚信数据库的建设，以及以此为基础的行业信用等级评价与分类管理；制度化诚信执业教育的开展；中价协和

住房和城乡建设部、地方造价协会等组织在行业诚信建设方面的合作机制。

通过系统化的诚信制度体系建立，首先有助于行业协会自律管理法律环境建设；其次，有助于强化对工程造价行业从业人员的诚信建设，培育信誉优良的工程造价市场主体，阻止行业内部的不合理竞争，理性地处理竞争合作关系，杜绝低层次的价格战。再次，有助于对工程造价全行业监管方式的改进，提高监管的有效性。

（二）个人信用制度的建立

在工程造价行业快速发展的过程中，行业不诚信执业问题也随之凸显。例如工程造价专业人才超资质规定范围执业、在执行计价规定时偏离走样、违章挂靠等，为造价行业带来极大的负面影响，亟需个人信用体系和个人诚信数据库的建立。

1. 建立行业内从业人员信用评价体系

通过行业协会的支持，建立完善的信用体系评价制度，借助计算机网络技术与数据库技术，建立行业内从业人员的信用体系，对从业人员进行信用等级评级，并将较高的信用等级作为行业内企业与从业人员申请新资质（资格）的必要条件。同时，对行业内有违规操作行为的企业和个人进行公示，并记录入网络诚信体系，必要时可对违规的个人和企业进行降级直至取消资质（资格），给不诚信的企业和个人以威慑力，从而建立良好的执业环境和行业风气，提高行业的社会形象。

2. 建立行业责任风险制度

目前，工程造价行业责任风险制度尚未确立，当发生法律责任时由谁来承担，暂时没有规定。应建立专业责任制，明确并强化从业人员的风险责任，淡化执业所在企业的专业责任。同时应有完善的执业保险制度作为辅助，转移部分执业风险，从而既能提升行业诚信度，又有利于整个行业的风险管理，从而促进整个造价行业的发展。

第三节 工程造价专业人才培养与发展的考核体系

近十年来是中国工程造价行业跨越式发展的上升阶段，服务精细化与业务高端化需要持续性的专业人才供给，为中国工程造价专业人才的培养与发展提出了新的挑战。考核是一种管理手段，随着社会经济的发展，人们对考核的认识不断深化。首先，考核具有评价和激励作用，通过考核可以评价个人或组织的工作成果，对其具有激励作用；然后，考核有利于个人或组织发展；最后考核对战略目标的实现具有重要作用，保证战略措施的正确实施，了解战略目标实现程度。因此，考核成为组织战略管理的重要手段，及时了解组织有无偏离战略目标方向，还需要在哪些方面更加努力。而且工程造价专业人才培养与发展需要多主体共同参与，不同主体担任不同的角色，承担不同责任。基于此，建立完善的考核体系就成为战略措施的重要内容。

一、对政府管理部门的考核

良好的宏观环境和产业环境是工程造价专业人才发展的必要条件，而政府是宏观环境与产业环境主要把控者。政府及工程造价管理部门的主要职责是针对我国工程造价专业人才的现状及存在的问题，对行业发展制度、政策进行梳理、分析，并在此基础上积极应对形势变化，研究适应行业未来发展的重大政策问题，以深化改革保证行业健康持续发展。同时还要采取相应措施对其进行指导和监督，建立过程跟踪、信息反馈、定期评估机制，以改善我国工程造价专业人才的发展状况，为我国工程造价专业人才的培养及发展创造良好的外部环境。因此，对政府工程造价专业人才管理部门的考核是非常必要的。考核可以采用层层递进的方式，即将国家工程造价专业人才培养与发展的目标逐层分解，使其落实到各个服务对象（例如行业协会、相关企业和造价专业人才）；制定能够反映实际情况的考核标准，采用量化分析与质性分析相结合的综合评价方法，对国家政策下工程造价专业人才的能力、规模等完成情况进行考核；考核周期可以设为季度考核和年度考核两个周期，以了解和分析战略目标的实现程度。

二、对行业协会的考核

行业协会作为行业发展的牵头主体，合理的专业人才发展规划及管理有利于行业的健康发展。行业协会通过课程认证制度、专业人士认可制度、继续教育制度三大机制介入对工程造价专业人士的教育培养。目前行业协会对工程造价专业人才的管理的介入越来越多，作用越来越大，这是工程造价专业人士培养的发展趋势。同时，国家鼓励行业协会开展社会信用评价，依托统一信息平台，建立信用档案，及时公开信用信息，形成有效的社会监督管理机制。但目前中国行业协会对工程造价专业课程的认证、能力标准体系以及考试制度还不够成熟和完善。因此，需要对行业协会课程认证情况、能力标准体系和考试制度完善情况进行考核，考核主体可以是政府及企业，若近期工程造价专业人才能力较好地满足市场需要则证明行业协会完成程度较好，反之则需要对课程认证、能力标准体系及考试制度进一步完善。

另外，工程造价行业协会与市场上工程造价相关人才接触较多，相比政府更加了解行业和专业人才现状，因此更适合根据市场现状针对专业人才的培养与发展的前景制定短期或者长期规划，明确发展方向和发展潜力。由于发展规划时间较长，因此对这一部分内容的考核存在一定的滞后性，考核难度较大。具体的考核可以采用季度考核、年度考核和阶段考核相结合的方式：季度考核以自评为主，由地方行业协会到国家行业协会；年度考核可以分别从相关企业和政府有关部门进行，保证考核结果的客观公正；阶段考核根据战略实施过程适时调整。

国家多次强调：加快事业单位分类改革，推动公办事业单位与主管部门理顺关系和去行政化，创造条件，逐步取消学校、科研院所、医院等单位的行政级别。事业单位的去行政化改革（包括人事聘用推行、机构编制调整、管理体制改革、绩效工资实施、养老保险建立）使得其更好地发挥社会公益组织作用❶，在一定程度上对定额站和工程造价管理协会的人才提出新的要求：他们不仅需要掌握基本的定额、取费标准计价等专业知识，还要扫除事业单位去行政化问题所面临的陈腐观念和思想障碍，顺利实现"刚性"体制分类改革的软着陆，完成"中国特色公益服务体系"建设工程❶，为未来工程造价发展前景和发展趋势提供帮助。因此在对行业协会考核时应适当增加对该部分内容的考核。

三、对高校的考核

高校内以行业协会发布的能力标准体系为参照，设置自己的课程体系，优化师资力量以培养出具备专业能力的毕业生，为他们能够顺利就业打下基础。只有通过了认可课程的毕业生，才可以直接申请执业资格的考核，使对专业课程的认证与对专业人士的资质认可相结合。因此，专业能力标准体系是高校提供专业教育的指导思想方向，也是行业协会进行执行资格认可的评估标准。英国已经形成了一套行之有效的评价方法和评价程序（APC），确保其职业资格得到世界认可。因此我国在工程造价专业人士的培养体系中，行业协会应当设置定期评估机制，一方面判断高校的专业课程设置是否与这个能力标准体系相呼应，并判断其

❶ 张志刚. 事业单位去行政化改革的文化分析 [J]. 东北大学学报（社会科学版）,2015,17（1）: 56-62.

毕业生是否达到了进入工程造价行业的基本能力，另一方面相关企业根据行业市场的需求，通过对工程造价专业人才的执业内容进行分析，考核高校培养出的专业人才是否达到专业能力标准范畴，是否了解国际惯例适应企业拓展业务，以使工程造价专业人才更好地发展。

另外，工程造价复合型人才的培养离不开具有前瞻性、创新力和知识全面的优秀研究型人才，因此，在对工程造价应用型人才培养过程中适当培养了解国外工程造价管理领域的最新发展动态与趋势，掌握先进的理论知识、工程技术和方法的研究型人才，为工程造价管理体制改革，建立科学性、时代性和应用性课程体系，提高和促进工程造价专业队伍素质和业务水平提供保障。

四、对相关企业的考核

高校培养的具备专业能力标准体系的工程造价专业人才最终进入企业，为相关企业提供绩效产出。当工程造价专业学生进入企业工作，会在一定程度上反映我国高校现阶段专业人才培养的优势和弊端，及时给高校和行业协会进行信息反馈，使得高校制定更加实用和有效的课程体系及培养目标，监督行业协会相关工作，确保各项措施和重大工作落实到位，促进工程造价行业的健康发展。那么对相关企业的考核主要针对信息反馈是否及时，信息是否可靠。另外，适时调查企业对职员专业知识和国际惯例情况以及企业拓展国际市场情况，为资深企业走向国际提供帮助。

综上所述，考核衡量评价的过程，同时也是改正提高的过程。考核过程中发现各个行为主体的不足，适时反馈给各个主体，帮助其对自身加以改进，促进工程造价专业人才培养与发展战略的顺利实施。

附表 1 我国专业人才相关法律法规对比分析表

法律法规类型	专业人才	注册会计师	注册建造师	注册监理师	造价工程师
法律	综合管理	《中华人民共和国注册会计师（修正案）（征求意见稿）》；《中华人民共和国会计法》	《中华人民共和国建筑法》	《中华人民共和国安全生产法》；《中华人民共和国合同法》；《中华人民共和国招标投标法》；《中华人民共和国建筑法》	—
	考试管理				
	专业人员管理				
	继续教育管理				
行政法规	综合管理	《国务院关于加强审计工作意见》（国发[2014]48号）；国务院办公厅转发财政部《关于加快发展我国注册会计师行业的若干意见》的通知（国办发[2009]56号）	—	《中华人民共和国招标投标法实施条例》；《生产安全事故报告和调查处理条例》；《民用建筑节能条例》；《建设工程质量管理条例》；《建设工程安全生产管理条例》	《中华人民共和国预算法实施条例》（国务院第186号令）
	考试管理				
	专业人员管理				
	继续教育管理				
规章制度	综合管理	《关于引导企业科学选择会计事务所的指导意见》；《财政部关于落实注册会计师行政监督职责若干问题的通知》（财监[2003]121号）	《建造师执业资格制度暂行规定》（人发[2002]111号）；《关于委托建设部执业资格注册中心承担建造师考试注册等有关具体工作的通知》（建市函[2005]321号）	《注册监理工程师管理规定》（建设部第147号令）；《建设工程监理范围和规模标准规定》；《工程监理企业资质管理规定》（建设部第158号令）	《注册造价工程师管理办法》（建设部第150号令）；《工程造价咨询企业管理办法》（建设部第149号令）；《建设工程价款结算暂行办法》（财建[2004]369号）

续表

法律法规类型 ＼ 专业人才		注册会计师	注册建造师	注册监理师	造价工程师
规章制度	考试管理	《香港特别行政区、澳门特别行政区居民及外国人参加注册会计师全国统一考试办法》（财会[2014]22号）；《注册会计师全国统一考试办法（2014修订）》；《注册会计师全国统一考试应考人员考场守则》（财考[2012]5号）；《内地与香港注册会计师部分考试科目相互免补协议及扩大部分考试科目相互豁免受惠人员范围协议》	关于印发《建造师执业资格考试实施办法》和《建造师执业资格考核认定办法》的通知（国人部发[2004]16号）；关于2013年度一级建造师资格考试相关问题的通告	—	《关于实施造价工程师执业资格考试有关问题的通知》（人发[1998]8号）
	专业人员管理	财政部关于印发《全国会计领军（后备）人才培养十年规划》的通知（财人[2007]8号）；《中国注册会计师协会关于加强行业人才培养工作的指导意见》（财协[2005]38号）	《建造师执业资格制度暂行规定》（人发[2002]111号）；《注册建造师管理规定》（建设部第153号令）；关于印发《一级建造师注册实施办法》的通知（建市[2007]101号）；关于印发《注册建造师执业管理办法（试行）》的通知（建市[2007]171号）；《注册建造师施工管理签章文件目录（试行）》（建市[2008]48号）；《注册建造师执业管理办法（试行）》（建市[2008]42号）；住房城乡建设部办公厅关于做好取得建造师临时执业证书人员有关管理工作的通知（建办市[2013]7号）；住房城乡建设部建筑市场监管司关于开展取得一级建造师临时执业证书人员延续注册工作的通知（建市施函[2013]124号）	—	—

续表

法律法规类型	专业人才	注册会计师	注册建造师	注册监理师	造价工程师
规章制度	继续教育管理	—	关于印发《注册建造师继续教育管理暂行办法》的通知（建市[2010]192号）	—	—
国家行业协会规定	综合管理	《中国注册会计师职业道德守则问题解答》；《注册会计师职业判断指南》；《中国注册会计师行业发展规划(2011—2015年)》(会协[2011]50号文)；中国注册会计师协会关于印发《中国注册会计师职业道德守则》和《中国注册会计师协会非执业会员职业道德守则》的通知；中国注册会计师协会关于印发《中国注册会计师行业自律管理体制建设的指导意见》的通知[会协(2003)99号]；中国注册会计师协会关于加强注册会计师行业自律管理建设的通知[会协(2002)160号]；中国注册会计师协会关于印发《中国注册会计师职业道德规范指导意见》的通知[会协(2002)160号]；中国注册会计师协会关于清理整顿注册会计师行业的通知（会协字[1997]183号）	—	《建设监理行业自律公约》（试行）	关于印发《全国建设工程造价管理人员管理暂行办法》的通知（中价协[2006]013号）

续表

法律法规类型 / 专业人才		注册会计师	注册建造师	造价工程师
国家行业协会规定	专业人员管理	中国注册会计师协会关于印发《中国注册会计师职业道德守则问题解答》的通知； 中国注册会计师协会关于开展2014年度注册会计师任职资格检查工作的通知（会协[2013]112号）； 中国注册会计师协会关于印发《注册会计师业务指导目录（2013—2014年）》（征求意见稿）的通知（会协[2013]105号）； 《会计行业中长期人才发展规划（2010—2020年）》（会协[2007]66号）； 《中国注册会计师胜任能力指南》； 中国注册会计师协会关于落实《中国注册会计师执业准则体系全国培训方案》通知	—	—
	继续教育管理	中国注册会计师协会关于印发《2014年度中国注册会计师协会培训计划》的通知（会协[2014]21号）（每年都有）； 关于印发《中国注册会计师协会非执业会员继续教育暂行办法》的通知（会协[2010]93号）； 中国注册会计师协会关于发布《中国注册会计师继续教育制度》的通知（会协[2006]63号）	—	《注册造价工程师继续教育实施暂行办法》

附表2　我国专业人才执业范围对比表

工程造价专业人才		注册建造师		注册监理师	注册会计师
造价工程师	造价员	一级建造师	二级建造师		
(1) 建设项目建议书、可行性研究和投资估算的编制和审核,项目经济评价,工程概、预、结算,竣工结(决)算的编制和审核; (2) 工程量清单、标底(或者控制价)、投标报价的编制和审核,工程合同价款的签订及变更、调整、工程款支付与工程索赔费用的计算; (3) 建设项目管理过程中设计方案优化、限额设计等工程造价分析与控制,工程保险理赔的核查; (4) 工程经济纠纷的鉴定	(1) 建设项目投资估算及项目目经济审核及项目目经济评价、(2) 工程概算、预算、结算、竣工结(决)算、工程量清单、工程招标标底(或者控制价)、投标报价的编制;(3) 工程变更费用的调整和索赔费用的计算;(4) 建设项目各阶段的工程造价控制;(5) 工程造价经济纠纷的鉴定;(6) 提供工程造价信息服务;(7) 与工程造价有关的其他事项	(1) 担任建设工程项目施工的项目经理; (2) 从事其他施工活动的管理工作; (3) 法律、行政法规或国务院建设行政主管部门规定的其他业务		(1) 取得资格证书的人员,应当受聘于一个具有建设工程勘察、设计、施工、监理、招标代理、造价咨询等一项或者多项资质的单位,经注册后方可从事相应的执业活动。从事工程监理执业活动的,应当受聘并注册于一个具有工程监理资质的单位; (2) 注册监理工程师可以从事工程监理、工程经济与技术咨询、工程招标与采购咨询、工程项目管理服务以及国务院有关部门规定的其他业务; (3) 修改经注册监理工程师签字盖章的工程监理文件,应当由该注册监理工程师进行;因特殊情况,该注册监理工程师不能进行修改的,应当由其他注册监理工程师修改,并签字、加盖执业印章,对修改部分承担责任	(1) 注册会计师承办下列审计业务: ① 审查企业会计报表,出具审计报告; ② 验证企业资本,出具验资报告; ③ 办理企业合并、分立、清算事宜中的审计业务,出具有关的报告; ④ 法律、行政法规规定的其他审计业务。注册会计师执行审计业务出具的报告,具有证明效力。 (2) 注册会计师可以承办会计咨询、会计服务业务。 (3) 注册会计师承办业务,由其所在的会计师事务所统一受理并与委托人签订委托合同。会计师事务所对本所注册会计师依照前款规定承办的业务,承担民事责任。 (4) 注册会计师执行业务,可以根据需要查阅委托人的有关会计资料和文件,查看委托人的业务现场和设施,要求委托人提供其他必要的协助。 (5) 注册会计师对在执行业务中知悉的国家秘密、商业秘密,负有保密义务。注册会计师及会计师事务所不得违反国家有关规定向境内外机构和个人提供审计工作底稿

比较内容	工程造价专业人才		注册建造师		注册监理师	注册会计师
	造价工程师	造价员	一级建造师	二级建造师		
大纲命题要求及考试周期	造价工程师执业资格考试实行全国统一大纲、统一命题、统一组织的办法。原则上每年行一次	造价员资格考试实行全国统一考试大纲，通用专业科目，由各省、各自治区、直辖市，各管理机构和专委会负责组织命题和专委会负责组织命题的制度	一级建造师执业资格实行全国统一大纲、统一命题、统一组织的考试制度，由人事部、住房和城乡建设部共同组织实施，原则上每年举行一次考试	二级建造师执业资格实行全国统一大纲、各省、自治区、直辖市命题并组织考试的制度	住房和城乡建设部和人事部共同负责全国监理工程师执业资格制度的政策制定、组织协调、考试和监理管理工作，考试每年举行一次	第一阶段，即专业阶段，主要测试考生是否具备注册会计师所需的专业知识，是否掌握基本技能和职业道德要求。第二阶段，即综合阶段，主要测试考生是否具备注册会计师在境中运用专业知识，保持职业价值观、职业态度与职业道德，有效解决实务问题的能力。考生在通过第一阶段的全部考试科目后，才能参加第二阶段的考试。两个阶段的考试，每年各举行 1 次
大纲命题及教材编写工作	住房和城乡建设部负责考试大纲的编写和命题工作，统一计划和组织考试前培训工作。培训工作与考试工作分开，自愿参加的原则进行。人事部负责审定考试大纲、命题，组织或授权实施各项考务工作。会同住房和城乡建设部对考试进行监督、检查，指导和确定合格标准	中价协负责组织编写《全国建设工程造价资格考试大纲》和《工程造价基础知识》考试教材，并对各管理机构、专委会的考务工作进行监督和检查。专委会应负责审定土建工程、安装工程及其他专业科目考试大纲要求编制大纲，组织命题、阅卷，确定考试合格标准，颁发资格证书，制作专用章等工作	人事部负责组织拟定一级建造师执业资格考试科目、考试大纲和考试大纲和命题工作。各省、自治区、直辖市人事部门会同住房和城乡建设部对考试工作进行检查、监督，指导和确定合格标准	住房和城乡建设部负责拟定二级建造师执业资格考试大纲，人事部负责审定考试大纲。各省、自治区、直辖市人事厅（局），建设厅（委）按照国家确定的考试大纲和有关规定，在本地区组织实施二级建造师执业资格考试	住房和城乡建设部负责拟定考试科目、编写考试大纲、培训教材和命题工作，统一规划和组织考前培训。人事部负责审定考试科目、考试大纲和试题，组织或授权组织实施各项考务工作；会同建设部对考务工作进行检查、监督，指导和确定合格标准	各省、自治区、直辖市财政厅（局）组织领导一考试委员会（以下简称"地方考委会"），组织实施本地区注册会计师全国统一考试工作。地方考委会设立地方注册会计师考试委员会办公室，组织实施一考试工作。地方考办设在各省、自治区、直辖市注册会计师协会

续表

比较内容	工程造价专业人才		注册建造师		注册监理工程师	注册会计师
	造价工程师	造价员	一级建造师	二级建造师		
考试科目	《建设工程造价管理》《建设工程计价》《建设工程技术与计量》(分为土木建筑工程和安装工程两种)《建设工程造价案例分析》	通用专业和考试科目。①通用专业：土建工程和安装工程。②通用考试科目：工程造价基础知识，土建工程或安装工程（可任选一门）。其他专业和考试科目由各管理机构、专委会根据本地区、本行业的需要设置，并报本中价协备案。工程造价专业大专及以上应届毕业生可向管理机构或专业委会申请免试《工程造价基础知识》	一级建造师执业资格考试设《建设工程经济》《建设工程法规及相关知识》《建设工程项目管理》和《专业工程管理与实务》4个科目。其中《专业工程管理与实务》科目设置10个专业类别：建筑工程、公路工程、铁路工程、民航机场工程、港口与航道工程、水利水电工程、市政公用工程、通信与广电工程、矿业工程、机电工程	二级建造师考试科目设三个，分别是：《建设工程施工管理》、《建设工程法规及相关知识》和《专业工程管理与实务》。其中《专业工程管理与实务》科目分为6个专业类别：建筑工程、公路工程、市政公用工程、水利水电工程、矿业工程和机电工程	《建设工程合同管理》《建设工程质量、投资、进度控制》《建设工程监理基本理论与相关法规》其中，《建设工程监理案例分析》为主观题，采用网络阅卷，在专用的答题卡上作答。对于从事工程建设监理工作且同时具备下列四项条件的报考人员，可免试《建设工程合同管理》和《建设工程质量、投资、进度控制》两个科目：(1) 1970年（含1970年）以前工程技术或工程经济专业中专（含中专）以上毕业；(2) 按照国家有关规定，取得工程技术或工程经济专业高级职务；(3) 从事工程设计或工程施工管理工作满15年；(4) 从事监理工作满1年	第一阶段，设会计、审计、财务成本管理、公司战略与风险管理、经济法、税法等6科。第二阶段，设综合1科。第一阶段和第二阶段各科目均不设英文附加题。

续表

比较内容	工程造价专业人才		注册建造师		注册监理工程师	注册会计师
	造价工程师	造价员	一级建造师	二级建造师		
参考条件	凡中华人民共和国公民，遵纪守法并具备以下条件之一者，均可申请参加造价工程师执业资格考试：①工程造价专业大专毕业后，从事工程造价业务工作满五年；工程或工程经济类大专毕业后，从事工程造价业务工作满六年；②工程造价专业本科毕业后，从事工程造价业务工作满四年；工程或工程经济类本科毕业后，从事工程造价业务工作满五年；③获工程造价专业或工程经济类大学第二学士学位和获硕士学位后，从事工程造价业务工作满三年；④获工程造价专业或工程经济类博士学位后，从事工程造价业务工作满二年	凡遵守国家法律、法规、格守职业道德，具备下列条件之一者，均可申请参加造价员资格考试：①工程造价专业，中专及以上学历；②其他专业，中专及以上学历，工作满一年	凡遵守国家法律、法规、格守职业道德，具备下列条件之一者，均可申请参加造价员资格考试：	凡遵守国家法律、法规，可以申请参加建造师执业资格考试：①取得工程类或工程经济类大学专科学历，工作满六年，其中从事建设工程项目施工管理工作满四年；②取得工程类或工程经济类大学本科学历，工作满四年，其中从事建设工程项目施工管理工作满三年；③取得工程类或工程经济类双学士学位或研究生班毕业，工作满三年，其中从事建设工程项目施工管理工作满二年；④取得工程类或工程经济类硕士学位，工作满二年，其中从事建设工程项目施工管理工作满一年；⑤取得工程类或工程经济类博士学位，从事建设工程项目施工管理工作满一年	凡中华人民共和国公民，遵纪守法并具备以下条件之一，均可申请参加全国监理工程师执业资格考试：（1）工程技术或工程经济专业大专（含大专）以上学历，按照国家有关规定，取得工程技术或工程经济专业中级职务，并任职满三年；（2）按照国家有关规定，取得工程技术或工程经济专业高级职务；（3）1970年（含1970年）以前工程技术或工程经济专业中专毕业，按照国家有关规定，取得工程技术或工程经济专业中级职务，并任职满三年	符合下列条件的中国公民，可以报名参加注册会计师全国统一考试：①具有完全民事行为能力；②具有高等专科以上学校毕业学历，或者具有会计或者相关专业中级以上技术职称。 同时符合下列条件的中国公民，可以申请参加注册会计师全国统一考试综合阶段考试：①具有完全民事行为能力；②已取得财政部注册会计师考试委员会（简称财政部考委会）颁发的注册会计师全国统一考试专业阶段考试合格证并在有效期内。 有下列情形之一的人员，不得报名参加注册会计师全国统一考试：①因被吊销注册会计师证书，自处罚决定之日起至申请报名之日止不满5年者；②以前年度参加注册会计师全国统一考试因违规而受到停考处理期限未满者

续表

比较内容	工程造价专业人才		注册建造师		注册监理师	注册会计师
	造价工程师	造价员	一级建造师	二级建造师		
执业资格证书的领取	通过造价工程师执业资格考试的合格者，由省、自治区、直辖市人事（职改）部门发给人事部、住房和城乡建设部统一印制，人事部和住房和城乡建设部共同用印的《中华人民共和国造价工程师执业资格证书》，该证书全国范围内有效	《全国建设工程造价员资格证书》由中价协统一制和管理。造价员跨地区或行业变动工作，并继续从事工程造价工作的，应持调出手续、《全国建设工程造价员资格证书》和专用章，到调入所在地管理机构或专委会申请办理变更手续，换发资格证书和专用章	参加一级建造师执业资格考试合格，由各省、自治区、直辖市人事部门发给人事部、住房和城乡建设部统一印制，人事部和住房和城乡建设部共同用印的《中华人民共和国一级建造师执业资格证书》，该证书在全国范围内有效	二级建造师执业资格考试合格者，由各省、自治区、直辖市人事部门发给人事部、住房和城乡建设部统一印制的《中华人民共和国二级建造师执业资格证书》，该证书在所在行政区域内有效	考试合格者，由各省、自治区、直辖市人事（职改）部门发给，人力资源和社会保障部、住房和城乡建设部用印的《中华人民共和国和国监理工程师执业资格证书》。《中华人民共和国和国监理工程师执业资格证书》在全国范围内有效	第一阶段的单科合格成绩5年有效。对在连续5年内取得第一阶段6个科目合格成绩的考生，发放专业阶段合格证。第二阶段考试科目应在取得专业阶段合格证后5年内完成。对取得第二阶段考试合格成绩的考生，发放全科合格证

附表4 我国专业人才的注册情况对比表

专业人才 比较内容	造价工程师	注册建造师	注册监理工程师	注册会计师
注册条件	①取得执业资格；②受聘于一个工程造价咨询企业或者工程建设领域的建设、勘察设计、施工、招标代理、工程监理、工程造价管理等单位；③无本办法第十二条不予注册的情形	申请注册的人员必须具备以下条件：①取得建造师执业资格证书；②无犯罪记录；③身体健康，能坚持在建造师岗位上工作；④经所在单位考核合格	申请初始注册，应当具备以下条件：①经全国注册监理工程师执业资格统一考试合格，取得资格证书；②受聘于一个相关单位；③达到本规定第十三条所列情形	参加注册会计师全国统一考试成绩合格，并从事审计业务工作2年以上的，可以向省、自治区、直辖市注册会计师协会申请注册，除有本法第十条所列情形外，受理申请的注册会计师协会应当准予注册
不予注册	有下列情形之一的，不予注册：①不具有完全民事行为能力的；②申请在两个或者两个以上单位注册的；③未达到造价工程师继续教育合格标准的；④前一个注册期内工作业绩未达到规定标准或者未办理暂停执业手续而脱离工程造价业务岗位的；⑤受刑事处罚，刑事处罚尚未执行完毕的；⑥因工程造价业务活动受刑事处罚，自刑事处罚执行完毕之日起至申请注册之日止不满5年的；⑦因前项规定以外原因受刑事处罚，自处罚决定之日起至申请注册之日止不满3年的；⑧被吊销注册证书，自被处罚决定之日起至申请注册之日止不满3年的；⑨以欺骗、贿赂等不正当手段获准注册被撤销，自被撤销注册之日起至申请注册之日止不满3年的；⑩法律、法规规定不予注册的其他情形	—	申请人有下列情形之一的，不予初始注册、延续注册或者变更注册：①不具有完全民事行为能力的；②刑事处罚尚未执行完毕的；③不具有完全民事行为能力的；④受刑事处罚，自刑事处罚执行完毕之日起至申请注册之日止不满2年的；⑤未达到注册监理工程师继续教育要求的；⑥在两个或者两个以上单位申请注册的；⑦以虚假的职称或者资格证书申请注册取得资格证书的；⑧年龄超过65周岁的；⑨法律、法规规定不予注册的其他情形	有下列情形之一的，受理申请的注册会计师协会不予注册：①不具有完全民事行为能力的；②因受刑事处罚，自刑罚执行完毕之日起至申请注册之日止不满5年的；③因在财务、会计、审计、企业管理或者其他经济管理工作中犯有严重错误受行政处分，撤职以上处分，自处分决定之日起至申请注册之日止不满2年的；④受吊销注册会计师证书的处罚，自处罚决定之日起至申请注册之日止不满5年的；⑤国务院财政部门规定的其他不予注册的情形。注册会计师协会决定不予注册的，应当自决定之日起15日内书面通知申请人，并书面说明理由

续表

专业人才 比较内容	造价工程师	注册建造师	注册监理工程师	注册会计师
注销注册	—	经注册的建造师有下列情况之一的，由原注册管理机构注销注册：①不具有完全民事行为能力的。②受刑事处罚的。③因过错发生工程建设重大质量安全事故或有建筑市场违法违规行为的。④脱离建设工程施工管理及其相关工作岗位连续2年（含2年）以上的。⑤同时在2个以上建筑业企业执业的。⑥严重违反职业道德的。住房和城乡建设部和省、自治区、直辖市建设行政主管部门应定期公布建造师资格的注销注册和注销情况	注册监理工程师有下列情形之一的，负责审批的部门应当办理注销手续，收回注册证书和执业印章或者公告其注册证书和执业印章作废：①不具有完全民事行为能力的，②申请注销注册的，③有本规定第十四条所列情形发生的，④依法被撤销注册的，⑤依法被吊销注册证书的，⑥受到刑事处罚的，⑦法律、法规规定应当注销注册的其他情形	注册会计师有下列情形之一的，由准予注册的注册会计师协会收回注册会计师证书：①丧失民事行为能力的，②受刑事处罚的，③因注册会计、审计、企业管理或者其他经济管理工作中犯有严重错误受行政处罚、撤职以上处分，停止执行注册会计师业务满1年，④年龄超过65周岁，⑤自行停止注册会计师业务满1年，⑥法律、行政法规规定的注销注册的其他情形
注册后管理	初始注册的有效期为4年。注册造价工程师注册有效期满需继续执业的，应当在注册有效期满30日前，按照本办法第八条规定的程序申请延续注册。延续注册的有效期为4年。在注册有效期变更注册内，注册造价工程师变更执业单位的，应当与原聘用单位解除劳动合同，并按照本办法第八条规定的程序办理变更注册手续。变更注册后延续原注册有效期	人事部和各级地方人事部门对建造师执业资格注册和使用情况有检查、监督的责任。建造师资格注册有效期一般为3个月，持证者应到原注册管理机构办理再次注册有效期手续。在注册有效期内，变更执业单位者，应当及时办理变更注册手续。再次注册者，还须提供本规定第十八条规定的接受继续教育的证明	取得资格证书的人员申请注册，由省、自治区、直辖市人民政府建设主管部门初审，国务院建设主管部门审批。注册监理工程师每一注册有效期为3年，注册有效期满需继续执业的，应当在注册有效期满30日前，按照注册规定程序申请延续注册。延续注册有效期3年	注册会计师协会应当将准予注册的人员名单报国务院财政部门备案。国务院财政部门发现注册会计师协会的注册不符合本法规定的，应当通知有关的注册会计师协会撤销注册

续表

专业人才 比较内容	造价工程师	注册建造师	注册监理工程师	注册会计师
发证情况	准予注册的，由注册机关核发注册证书和执业印章。造价工程师的执业印章本人保管、使用。注册证书和执业印章是注册造价工程师的执业凭证，应当由注册造价工程师本人保管、使用。注册造价工程师注册证书、执业印章，当在公众媒体上声明作废后，按照规定的程序申请补发	一级建造师执业资格注册，由本人提出申请，由各省、自治区、直辖市建设行政主管部门或其授权的机构建审合格后，报住房和城乡建设部或其授权的机构注册。准予注册的申请人，由住房和城乡建设部或其授权的注册管理机构发放由建设部统一印制的《中华人民共和国一级建造师注册证》。二级建造师执业资格注册办法，由省、自治区、直辖市建设行政主管部门制定，由省、自治区、直辖区内有效的《中华人民共和国二级建造师注册证》，并报建设部或其授权的注册管理机构备案	取得资格证书并受聘于一个建设工程勘察、设计、施工、监理、招标代理、造价咨询等单位的人员，应当通过聘用单位向单位注册所在地的省、自治区、直辖市人民政府建设主管部门提出注册申请；省、自治区、直辖市人民政府建设主管部门受理申请后提出初审意见，并将初审意见和全部申报材料报国务院建设主管部门审批，符合条件的，由国务院建设主管部门核发注册证书和执业印章	准予注册的申请人，由注册会计师协会发给全国统一制定的注册会计师证书；财政部门统一制定的注册会计师证书

附表5 各高校开设工程造价专业课程设置一览表

各校工程造价专业建设工程技术基础类课程

课程	福建工程学院	河南财经政法大学	昆明理工大学	青岛理工大学	山东建筑大学	沈阳建筑大学	天津理工大学	长安大学	长春工程学院
工程制图	专业必修课	专业必修课	公共基础课	专业必修课	专业必修课	专业必修课	专业必修课		专业必修课
工程力学	专业选修课	专业选修课		专业选修课			专业必修课	专业必修课	
工程测量	专业选修课	专业选修课	公共基础课	专业必修课		专业必修课		专业必修课	专业必修课
测量学					专业必修课				
工程材料	专业必修课	专业必修课		专业必修课	专业必修课			专业必修课	
建筑材料						专业必修课	专业必修课		专业必修课
装饰材料									专业必修课
土力学与地基基础				专业必修课		专业必修课		专业必修课	
土木施工技术				专业必修课		专业必修课		专业必修课	
施工技术与组织					专业必修课		专业必修课		
建筑施工技术									专业必修课

续表

课程	福建工程学院	河南财经政法大学	昆明理工大学	青岛理工大学	山东建筑大学	沈阳建筑大学	天津理工大学	长安大学	长春工程学院
建筑安装技术								专业必修课	
建筑力学	专业必修课	专业必修课							专业必修课
建筑结构	专业选修课	专业选修课							专业必修课
房屋建筑学	专业选修课	专业选修课	公共基础课	公共基础课	专业必修课	专业必修课	专业必修课	专业必修课	专业必修课
建筑设备	专业必修课	专业选修课	公共基础课		专业必修课	专业必修课			专业必修课
土木工程概论	专业选修课	专业选修课	公共基础课						
工程结构	专业选修课	专业选修课		专业必修课		专业必修课	专业必修课		
城市规划	专业选修课	专业选修课					专业必修课	专业必修课	
施工技术与施工组织设计			专业选修课						专业选修课
工程计量学	专业必修课	专业选修课							
工程地质			公共基础课				专业必修课		专业必修课
建筑设备工程				专业必修课	专业选修课	专业必修课			专业必修课
理论力学			公共基础课						

续表

课程	福建工程学院	河南财经政法大学	昆明理工大学	青岛理工大学	山东建筑大学	沈阳建筑大学	天津理工大学	长安大学	长春工程学院
材料力学			公共基础课		专业必修课	专业必修课			
建筑设计									
建筑工程新技术									专业必修课
结构力学			公共基础课	专业必修课		专业必修课			
钢筋混凝土			公共基础课						
钢结构								专业必修课	
高层建筑施工					专业选修课				专业必修课
房屋建筑设计					专业选修课				
园林工程技术知识与估价									
修缮工程技术知识与估价									
混凝土与砌体结构								专业必修课	
钢筋混凝土结构设计CAD			公共基础课						

· 236 ·

各校工程造价专业管理理论与方法类课程

附表5-2

课程	福建工程学院	河南财经政法大学	昆明理工大学	青岛理工大学	山东建筑大学	沈阳建筑大学	天津理工大学	长安大学	长春工程学院
运筹学	专业必修课	专业必修课		公共基础课	专业必修课	专业必修课	专业必修课	专业必修课	专业必修课
概率与数理统计	公共基础课	公共基础课	公共基础课	公共基础课	专业必修课	公共基础课	公共基础课	公共基础课	
统计学	专业必修课	专业必修课		专业选修课		专业必修课	专业必修课	专业必修课	专业必修课
工程数学									公共基础课
线性代数	专业必修课	专业必修课	公共基础课	公共基础课	公共基础课	公共基础课	公共基础课	公共基础课	
系统工程								专业必修课	
管理学基础	专业必修课	专业必修课	公共基础课	公共基础课			专业必修课	专业必修课	专业必修课
工程量清单计价				专业必修课	专业必修课				
安装计量与计价				专业必修课					
市政工程				专业选修课				专业必修课	
市政工程计量与计价				专业选修课					
土建工程估价					专业必修课			专业选修课	专业选修课
道桥工程计价									专业选修课
装饰工程估计					专业必修课				
安装工程估价					专业必修课				

续表

课程	福建工程学院	河南财经政法大学	昆明理工大学	青岛理工大学	山东建筑大学	沈阳建筑大学	天津理工大学	长安大学	长春工程学院
建筑电气工程与计价									专业选修课
建筑装饰工程与计价									专业选修课
建设工程建设质量控制					专业必修课				
物业管理					专业选修课				
财务管理	专业必修课	专业必修课					专业必修课		
市场学	专业选修课	专业选修课						专业必修课	
电子商务					专业选修课	专业选修课			
环境工程									专业必修课
工程项目管理	专业选修课	专业选修课	专业必修课	专业必修课	专业必修课	专业必修课	专业必修课	专业必修课	
工程项目投资决策与管理	专业选修课	专业选修课				专业必修课		专业必修课	
工程建设监理						专业选修课		专业选修课	
项目风险管理与工程保险				专业选修课			专业必修课		
项目人力资源管理									
项目采购管理				专业选修课			专业必修课		

续表

课程	福建工程学院	河南财经政法大学	昆明理工大学	青岛理工大学	山东建筑大学	沈阳建筑大学	天津理工大学	长安大学	长春工程学院
工程定额原理					专业必修课	专业必修课	专业必修课	专业必修课	专业选修课
工程造价案例分析		专业必修课			专业必修课	专业必修课			
工程计价学	专业必修课	专业必修课	专业选修课				专业必修课		专业选修课
工程项目招投标	专业必修课	专业必修课			专业必修课				
国际工程管理									专业选修课
工程造价管理	专业必修课	专业必修课			专业必修课			专业必修课	专业选修课
造价专业外语				专业必修课		专业必修课	专业必修课	专业必修课	
房地产开发与经营		专业必修课			专业必修课			专业必修课	
房地产市场					专业选修课				
房地产经营					专业选修课				
建筑工程概预算	专业必修课	专业必修课		专业必修课		专业必修课			
建筑工程计量与计价	专业选修课					专业选修课			
公共关系与工程建设项目外部关系协调	专业选修课	专业选修课		专业必修课				专业必修课	专业选修课
工程项目管理学							专业必修课		

附表5-3

各校工程造价专业经济与财务管理类课程

课程	福建工程学院	河南财经政法大学	昆明理工大学	青岛理工大学	山东建筑大学	沈阳建筑大学	天津理工大学	长安大学	长春工程学院
工程经济学	专业必修课	专业必修课	公共基础课	专业必修课		专业必修课	专业必修课	专业必修课	专业必修课
会计学	专业必修课	专业必修课		公共基础课		专业必修课	专业必修课	专业必修课	专业必修课
房地产估价理论与实务					专业必修课			专业选修课	专业必修课
金融与信贷									专业选修课
经济学	专业必修课	专业必修课	公共基础课	公共基础课		专业必修课	专业必修课	专业必修课	专业必修课
工程财务管理						专业必修课			专业必修课
项目可行性研究与评价							专业选修课		
国际工程估价	专业选修课	专业选修课				专业必修课			专业选修课
项目融资								专业必修课	

附表5 各高校开设工程造价专业课程设置一览表

各校工程造价专业法律法规与合同管理类课程

附表5-4

课程	福建工程学院	河南财经政法大学	昆明理工大学	青岛理工大学	山东建筑大学	沈阳建筑大学	天津理工大学	长安大学	长春工程学院
经济法	专业必修课	专业必修课		专业必修课		专业必修课	专业必修课		专业必修课
建设法规	专业选修课	专业选修课		专业必修课			专业必修课	专业必修课	专业选修课
工程合同法律制度	专业选修课	专业选修课					专业必修课		
工程招投标及合同管理						专业必修课	专业必修课	专业必修课	专业选修课
国际工程招标投标					专业必修课				
建筑工程合同条件(FIDIC)					专业选修课				
国际工程风险管理与工程索赔				专业必修课	专业必修课			专业选修课	
工程招投标与合同管理工作坊							专业必修课		

各校工程造价专业信息化技术类课程

附表5-5

课程	福建工程学院	河南财经政法大学	昆明理工大学	青岛理工大学	山东建筑大学	沈阳建筑大学	天津理工大学	长安大学	长春工程学院
识图算量工作坊							专业必修课		
工程管理信息系统	专业必修课	专业必修课		公共基础课	专业必修课	专业必修课	专业必修课	专业必修课	专业选修课

附件1 其他国家和地区工程造价专业人才学历教育分析

一、英联邦体系下的工料测量专业的学历教育

英国，大学被授予了相当大的办学自主权。它们可以自己决定其专业名称和学制年限，在专业设置和管理模式也强调自身特点。如里丁大学（University of Reading）设立的有关专业建筑管理专业的学士学位就有五种：建筑管理、工程与测量、建造管理、工料测量及建筑设施工程设计与管理，学制均为三年；拉夫堡大学（University of Central Lancashire）课授予学士学位的有：建筑测量，学士，四年三明治模式；工料测量，学士，四年三明治模式；建造管理，学士，四年三明治模式/三年制；建筑研究，高级国家文凭，三年三明治模式/二年制；可看出，英国相关建筑管理专业所用名称并不统一。归纳起来，其与我国建筑管理类似的专业名称有以下几种：Building Management（建造管理）、Building Construction and Management（工程建筑和管理）、Construction Management（建筑管理）、Construction Project Management（建筑项目管理）、Construction Management, Engineering Management and Surveying（建筑管理、工程与测量）、Construction Engineering Management（建筑工程管理）、Quantity Surveying（工料测量）、Building Surveying（建造测量）及 International Construction Management and Engineering（国际建筑管理与工程）。

（一）里丁大学工料测量专业课程设置

前面已经介绍过，里丁大学建筑管理系包括五个本科专业，其中四个专业（或称为方向）具有共同的基础课程，另外每个专业各自具有一些方向课程。其基本课程结构如下：

1. 基础课程

工程技术：建筑原型、建筑工程科学、施工、建筑材料、建筑设备、建筑结构、测量、实验室及现场时间；

经济：经济学、财务、建筑经济；

管理：管理Ⅰ、交际、管理Ⅱ及人力资源；

法律：法律Ⅰ、法律Ⅱ、建筑合同法。

2. 专业（方向）课程

建筑管理方向：建筑工程项目管理、费用估算、建筑生产的工程技术，在选修课中另选三门。

建筑测量方向：维修工程设计、维修管理、计划、在选修课中另选三门。

工料测量方向：建筑工程项目管理、费用估算、度量和评价、在选修课中另选三门。

建筑管理工程与测量：在选修课中选五门。

3. 选修课

财务管理、建筑设备、土木工程、建筑工程项目管理、维修工程的设计、物业管理、外语、信息技术、国际工程、维护管理、测量与估价、环境、生产管理及社会房屋建设。

（二）拉夫堡大学工料测量课程设置

1. 课程设置

拉夫堡大学开设工料测量专业课程的是土建工程系（Department of Civil and Building Engineering），该系提供以下六个方向课程及相应的学位：

土木工程（Civil Engineering）；

商业管理与工料测量（Commercial Management & Quantity Surveying）；

建筑工程管理（Construction Engineering Management）；

建筑工程设计（Architectural Engineering & Design Management）；

航空运输管理（Air Transport Management）；

运输与企业管理（Transport & Business Management）。

拉夫堡大学的工料测量专业是由拉夫堡大学与16家建筑企业联合办学的，以培养出满足将来市场需求的商业管理者，该专业的学生在毕业后能够保证100%的就业率。该专业所有的学生在大学期间都会得到一家建筑企业的资助，在毕业前需在该公司进行实习以获得相应的实践经验满足行业工作需要。

拉夫堡大学工料测量专业授予的是理学学士学位，教学方式为四年全日制教学，其中第三学年为实践训练，学生要通过在提供赞助的建筑企业中实践获得实践研究的文凭。在其他三学年中，每学年学生都有120学分的学习要求，平均一学期有6门课，每门课占10学分。拉夫堡大学工料测量专业的课程包括施工技术、建筑设备、管理、法律、经济、工程管理、信息技术、电子信息建筑、实践和个人发展规划等部分，具体的课程设置如附件表1-1所示。

拉夫堡大学工料测量学士学位课程体系设置　　　　　　　附件表1-1

学年	学期	课程
学年 1	学期一	施工技术与管理 1（Construction Technology and Management 1） 建筑材料（Building Materials） 建筑环境科学（Building Environmental Science） 项目与合作 1（Project and Teamwork 1） 建筑与商业管理 1（Construction and Commercial Management 1） 经济学基础（Introduction to Economics）

续表

学年	学期	课程
学年1	学期二	法律原则（Principles of Law） 建筑设备技术（Building Services Technology） 选址测量（Site Surveying） 图论（graphical Communication） 测量方法（Methods of Measurement） 数据管理（Management Statistics）
学年2	学期一	合同管理（Contract Administration） 土木工程测量（Civil Engineering Measurement） 测量与工料测量实践（Measurement and QS Practice） IT服务技术与测量（IT Services Technology and Measurement） 土工技术学（geotechnical Engineering） 土木工程技术（Civil Engineering Technology）
学年2	学期二	建筑工程法律（Civil and Building Engineering Law） 估算与计划（Contractors' Estimating and Planning） 施工技术与管理2（Construction Technology and Management 2） 建筑组织管理（Construction Organisation and Management） 项目与合作2（Project and Teamwork 2） 资产开发评价（Property Development Appraisal）
学年3	学期一、二	实习
学年4	学期一	建筑与商业管理2（Construction and Commercial Management 2） 建筑经济（Construction Economics） 项目研究（Research Project） 项目前期估算与计划（Pre-construction Estimating and Planning） 土木工程合同（Civil and Building Engineering Contracts）
学年4	学期二	项目评价（Project Appraisal） 建筑业分析（Construction Business Analysis） 项目研究（Research Project） 房屋维修与翻新（Maintenance，Repair and Refurbishment） 财务管理（Management Finance） 价值工程（Value Management and Engineering）

注：资料来源：Department of Civil and Building Engineering，Loughborough University [EB/OL].
http://www.lboro.ac.uk/study/undergraduate/courses/departments/civil-building/
commercialmanagementandquantitysurveying/.2013-04-18。

2. 实践环节教学工作设计

拉夫堡大学四年的工料测量课程中第三学年的学习是行业实习安排，学生需通过该年的实习获得实践研究文凭（DIS，Diploma in

Industrial Studies)。由于拉夫堡大学的工料测量专业由学校与社会建筑企业联合办学，且该专业的所有学生在大学期间都会得到一个建筑企业的资助，因此在第三学年的实习中，各学生需在为其提供资助的企业中进行实习以获得相应的经验，这些内容均在拉夫堡大学 DIS 手册中进行了相应的规定 ❶。

由于工料测量专业学生的实习多是在工地现场的实习，因此学生在实习过程中的安全与健康是需要重视的问题。对于学生实习过程中的安全与健康的控制，学校要求每个学生登记实习的地点，以便相关管理人员在这一学年中两次的现场管理调查。

对于学生来说，实践环节的学习是非常忙碌的，通过第三学年的实践，学生需要提交一系列的文件，完成一定的工作以获得实践研究文凭。所提交的文件要求如附件表 1-2 所示。

<table>
<tr><td colspan="2" style="text-align:center">拉夫堡大学工料测量专业实践课程要求　　　　　　　　　　附件表1-2</td></tr>
<tr><th>提交文件</th><th>内容要求</th></tr>
<tr><td>日常工作记录
（Record Book）</td><td>该文件要求学生记录在实习中所承担的工作任务和相应工作任务的进展情况。此外，也可用 RICS 日志代替日常记录。</td></tr>
<tr><td>论文
（Dissertation）</td><td>5000 字，论文主题要与实践内容相关或是学生在研究中感兴趣的内容，要对毕业时的论文有一定的贡献。</td></tr>
<tr><td>摄影海报
（Photographic Poster）</td><td>A3 大小，于实习结束后提交。要根据工作实践和从实习中获得的知识进行制作，并包括学生在实践工作中被启发的兴趣。应反映以下内容：1. 工程的描述；2. 学生对工作的贡献；3. 所遇到的问题；4. 学生最大的成就；5. 其他内容。对每副照片需附 30 字的标题介绍，同时提交电子文件。</td></tr>
<tr><td>其他信息
（Additional Information）</td><td>详细阐述所提交的内容，不直接作为影响评估的内容。</td></tr>
</table>

---

❶ Loughborough University[EB/OL]. Diploma in Industral Studies Handbook. 2007.

拉夫堡大学工料测量专业第三学年的实践要经由校内外辅导员的评估通过后，才能给学生颁发实践研究文凭。由校外导师对学生实习过程中的表现给出报告并进行评分，同时由校内实践研究导师根据现场管理调查的情况给出学生表现评价报告及评分，再根据一定的比例结合学生提交的日常工作记录、论文、摄影海报等内容对学生的实习表现进行综合评分，只要综合评分在45分以上便可获得实践研究文凭。

（三）香港大学工料测量专业课程设置

1. 课程体系内容

香港大学与工程和建设管理有关的院系有两个：建筑学院（Faculty of Architecture）和工程学院（Faculty of Engineering）。

工程学院下设土木工程系，包含土木工程（Civil Engineering）、土木工程（环境方向）（Civil Engineering（Environmental Engineering））、土木工程（法律方向）（Civil Engineering（Law））❶。

建筑学院下设建筑系、房地产与建设系、城市规划设计系与景观工程学系，其中与工料测量相关的学位由房地产与建设系提供，其学位又可分为三个层次：（1）本科设测量专业，包含测量专业的房地产测量、建筑测量和工料测量以及发展与规划测量等，只有单一的测量理学学士学位（B.Sc（Surveying））；（2）硕士学位，有建筑项目管理（Construction Project Management，PM）、房地产（Real Estate，RE）与跨领域设计及管理（Interdisciplinary Design and Management）三个专业；（3）研究型学位，其中一个是硕士学位（M. Phil），另一个是博士学位（Ph.D）❷。

香港大学房地产与建设系的测量本科是一个三年制的全日制学习课

---

❶ Faculty of EngneeringUniversity of HongKongEB/OL]. http://www.hku.hk/civil，2011-05-08.

❷ University of HongKongEB/OL]. http://fac.arch.hku.hk，2011-05-24.

程，课程体系的设计反映了本系提供宽基础学术核心课程的理念。每一年的课程都可分为两个部分：(1) 理论课程，包括经济、管理、工程和法律四方面课程；(2) 实践课程，包括测量工作坊、论文等。其课程结构如附件图 1-1 所示。

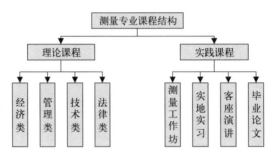

附件图 1-1　香港大学房地产与建设系测量理学学士学位课程结构示意图

香港大学房地产与建设系测量本科的测量理学学士学位课程体系计划如附件表 1-3。

香港大学测量学学士学位课程体系设置　　　　　　　　　附件表1-3

学年	学期	课程
学年 1	学期一	测量工作坊 1（Surveying Studio 1） 建筑技术 1（Building Technology 1） 合同与法律基础（Introduction to Law and Contract） 计划与开发（Planning and Development） 普通英语课程（general English course） 中文加强课程 (Chinese Language Enhancement Courses)
	学期二	测量工作坊 2（Surveying Studio 2） 建筑服务的健康与安全（Building Services for Health and Safety） 测量师高级结构与施工 （Advanced Structures and Construction for Surveyors） 土地经济（Land Economics） 英语加强课程（English Language Enhancement Courses） 公共核心课程（Common Core course）

续表

学年	学期	课程
学年2	学期一	测量工作坊3（Surveying Studio 3） 土地转让法（Land Law and Conveyancing Law） 房地产与施工管理理论 （Real Estate and Construction Management Theory） 房地产投资与融资（Real Estate Investment and Finance） 建筑环境学（Environment Science in Buildings）
	学期二	测量工作坊4（Surveying Studio 4） 研究方法（Research Methods） 学科选修课*（Disciplinary Elective） 选修课（Elective Course） 公共核心课程（Common Core course）
学年3	学期一	测量工作坊5（Surveying Studio 5） 产权经济学（Economics of Property Rights） 房地产投资法（Real Estate Investment Law） 房地产及建设管理实践 （Real Estate and Construction Management Practice） 论文（Dissertation）
	学期二	高等估价（Advanced Valuation） 开发控制与纠纷调解 （Development Control and Alternative Dispute Resolution） 房地产和设施管理实践 （Real Estate and Facility Management Practice） 论文（Dissertation）

注：学科选修课*：有三门学科选修课：前两门是城市与城市发展（Cities and Urban Development）和专业实践（Professional Practice），这是只为选择测量理学学士学位的学生开设的，仅在他们第二学年的第二个学期开设。第三门学科选修课是香港的历史和文物建筑（History Urban Hong Kong and its Built Heritage），在第一学期开设，学生需要申请并得到学士课程主任的批准才能选择。

资料来源：University of Hong Kong .Bachelor of Science in Surveying - Regulations， Syllabus &Timetables[EB/OL].http：//fac.arch.hku.hk/wp-content/uploads/2012/03/ 2012-13-BScSurv-3-year-Syllabues.pdf.

2.实践环节教学工作设计

在香港大学测量理学学士课程设计中，有两个主要元素：学术核心课程和测量工作坊。四门学术核心课程（经济、管理、法律和工程），是以讲授为中心的课程，是本体系的理论基础，另一方面，测量工作坊的设计允许学生以一个专业人士的角度去实践工程问题。工作坊是一个多学科的以学生为中心的学习方法，用专业技能和知识与理论内容整合。工作坊课程设计理念如附件图 1-2 所示。

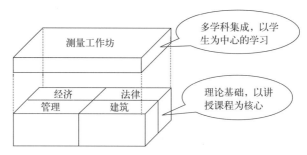

附件图 1-2　香港大学房地产与建设系测量理学学士学位课程结构示意图

香港大学对于学生实践的安排主要有三种形式：测量工作坊、场地考察和国外学习考察与访问讲座。

（1）测量工作坊（Surveying Studio）

工作坊活动以长期项目或案例学习为主，有意识地培养学生对土地转换过程的进一步理解，考察学生对测量过程中所涉及的各种技巧的理解和掌握情况。同时，该专业还建立了以学生为中心的测量工作坊学习方法，不论是单独工作还是与合作伙伴一起工作，学生都要对自己的学习负责。测量工作坊对所有学生开放，可以锻炼学生主动学习的能力。

（2）场地考察和国外学习考察（Field Trips And the Overseas Study Tour）

香港大学在它的课程规划里设置了场地考察和国外学习考察的课程，实质上，这部分内容也是测量工作坊整体课程的有机组成部分之一。

学校的工作人员会适时地安排场地考察和现场参观的课时，使学生能根据具体的工程和环境进行学习和研究。香港大学的工料测量系认为学生能够从实践中、从对实际问题的分析与解决中受益，而实地考察正为学生提供了这样的机会。

该系认为应该鼓励学生参加国外的学习考察，深入国外的生产实际中，从对非香港体系的工程项目实际问题的分析和解决中，协会处理国外的工程项目问题，这同样是该专业学生应具有的能力之一。

在这些与生产实际密切联系的课程当中，通过学校工作人员的安排，学生可以接触到工程项目各阶段的工作，学生能够从中学习到许多课堂上学不到的技术与技巧，包括社会、交流和语言技巧等交叉文化的经验。这些都将对学生毕业后的就业产生非常有益的影响。

（3）访问讲座（Visiting Lecturers）

该专业的教职工们经常会邀请一些在建造和房地产领域有经验的专家和学者到学校里进行专业讲座或报告，这为学生和该专业的老师提供了一个非常理想的交流的机会，同时许多专家的讲座是免费的，是学生非常好的学习机会。

在学校提供的三种实践方式中，测量工作坊是重要的学习环节，通过三年循序渐进的学习将经济、管理、法律、工程技术等知识体系整合为学生必需的专业技能。该课程体系分为三年六个学期，每个学期都有各该课程的学习。教学采取工作坊（Workshop）方式，主要是案例学习、项目运作和课堂作业形式，教学上采用学生学习为中心的方式。

测量学习工作坊的设立目的是让学生通过其自身的主动性来从事某项工作，并接受既定条件的限制和指导教师的指导。学生所从事的工作要求他们用所学的知识去解决实际问题，在进一步了解土地转换过程中将使学生能够测试他们自身所具备的能力和在这一转换过程中对职业技能和技巧的掌握程度。

从附图 2 中可看到，测量工作坊的学习发生了一种范式的转化，从以指导为基础的学习，转变为以学生学习为中心的学习，教师和学生的角色都发生了变化。测量工作坊课程为学生创造了一个良好的环境使他们喜欢学习、不断地学习和终生学习。工作坊课程的目标是发展学生自我指导、自我激励的学习能力；发展学生解决问题、思考问题、决策、时间管理、沟通和谈判的技能；发展合作学习能力；通过解决土地转换过程中的问题来整合知识和技能。

在不同的学期，工作坊有不同的教学计划，三年学习内容安排如附件表 1-4 所示 ❶。

测量工作坊三年学习内容安排　　　　　　　　　　　附件表1-4

时间	任务	具体内容
第一学年	理解土地转换过程的概念	了解测量师和其他利益相关者在土地转换全过程中的角色和应具备的技能，房地产开发过程
第二学年	开发学生在整个土地转换过程中的解决问题的能力	学习房地产开发的概念、工程和项目管理，解决一些复杂的项目管理问题
第三学年	培养解决土地转换过程中复杂问题的能力	学习政策的影响，了解房地产和建设行业的基础设施关系，社会发展对本行业的影响

为了获得以上教学目标，需建立以学生学习为基础的概念模型，该模型包括四个要素：案例学习（Case Study）、工作坊团队（Studio Team）、学生小组（Student group）和过关问题（Problem Scenario）。

1）案例学习。每年的工作坊教学都要选择一个案例，通过案例学习为测量工作坊设置一个教学主题。工作坊团队根据选择的案例设计一

❶ B.Sc.(Surveying course review and re-accreditation documentation, department of real estate and construction, The university of HongKongJune 2001, course structure/course modules [EB/OL].

些过关问题，学生学习小组通过一起工作解决该问题，以获得相应的专业执业能力。

2）工作坊团队。每年工作坊团队都由四名教师组成，其中起主导作用的是工作坊协调员（Studio Coordinator）。工作坊协调员负责计划、进度安排和协调所有测量坊活动，带领整个团队共同工作开发一些过关问题和工作坊程序，并对分配时间进行反馈。附件表1-5是一个工作坊的程序。

工作坊程序　　　　　　　　　　　　附件表1-5

月份	1	2	3	4	5	6	7	8	9	10	11	12
学期1	过关问题1解决			反馈/汇报	过关问题2解决						反馈/汇报	
学期2	过关问题3解决										反馈/汇报	

工作坊团队在每一个过关问题的解决中，都会有教师进行指导，每名教师帮助两个小组的学生。辅导员（Facilitator）既是咨询者也是教练，主要负责指导学生小组的学习。但是辅导员不能过多地干预学生的自主学习，避免直接告诉学生答案。

3）学生小组。每年学生都要进行分组（一般5～7人一组），小组成员在整个学年中保持不变。第一年的小组成员随机组成；第二年在第一年表现的基础上，由学生自主选择形成团队，第三年学生完全自由选择。学生小组由自己管理，每位成员都有机会充当小组主席，带领组员对各小组成员进行个人成绩评估。每一个问题过关后，辅导员都要去其他小组工作。

4）过关问题。由工作坊团队成员根据现实问题设计出过关问题情节。过关问题是基于一个可信背景下的包括开放式情况和非结构性的问题，允许学生以不同的方式、不同的观点、不同的路径得到不同的解决办法，过关问题的复杂程度要为不同水平的研究能力留下空间。

不同年级的工作坊课程需根据整体平均水平的不同设计，在各学期末学生要进行演讲并将已完成工作向所有年级的学生展示，以便于各年级学习内容的整合。工作坊课程的评价方法是一种持续性的评价，没有书面考试。在学生学习小组中，学生必须保持一份个人的学习日志，这是一个反映自己学习过程和成绩的工具。学习日志是学生自我评估的一部分，同时也是学生和辅导员之间的交流工具。对每一个过关问题，学生们要写下自己的学习经验和自己的贡献，在课程结束时交给辅导员写评语。

评估分为三部分：内容、过程和结果。内容评估关注学生应该学习的知识、概念及原则；过程评估关注学生解决问题的能力；结果评估关注学生通过分析所得的成果。总的来说，过关问题的得分取决于持续评估、最终结果和口头陈述（演讲）三部分内容。

二、美加体系下的工程造价专业学历教育

在美国和加拿大，有一些院校和综合性大学提供造价工程的相关课程，但是这只是一种综合性的理解，因为他们目前还没有提供造价工程专业的本科学位。但是一些大型的综合大学提供一些和造价工程的技能有关的，比如造价估算、成本控制、计划、进度、项目管理、计算应用和经济学等工程、建筑技术或者是商务方面的课程。一般来说，这些课程都是工程管理专业高年级的课程或选修课程。总体上来讲，由于美国的工程造价相关专业的课程体系一般都下属于工程技术类学院或系，所以其课程体系孕育于工程技术的氛围之中，包含了较多的工程技术类课程。在美国高等教育院校中，开设的与工程造价相关的专业有：建筑管理（Construction Management）、建筑科学与管理（Construction Science and Management)、建筑工程（Construction Engineering）、土木工程方面的建筑工程与管理方向（Construction Engineering and Management Option in Civil Engineering）、建筑管理科技（Construction Management Technology）、土木工程与建筑（Civil Engineering &Construction）等，而且这些专业大多设在工程类学院（系）、土木类学院（系）或技术类学院（系）里。而且，经美国工程技术专业评估委员会（Accreditation Board of Engineering and Technology——ABET）评估的 7 个工程造价相关专业都设在工程技术类学院（系）里，所有经过美国建筑教育协会（American Council of Construction Education——ACCE）评估的 56 个工程造价相关专业中的大部分也都设在工程技术类学院（系）里，另外也有一些设在建筑（Architecture）、城市规划或设计等学院（系）里。但是各学校由于自身的不同专业侧重，这就要求大纲不能定得过细。例如美国的建筑管理专业按其侧重点不同受工程及技术评估委员会（ABET）和美国建筑教育协会（ACCE）评估。

（一）由 ABET 评估的建筑工程管理专业

由 ABET 评估的建筑工程管理专业一般都隶属于工程学院。第二次世界大战以后，建筑业的发展和随之而产生的需求加快了这一建筑理科学士学位（BS）的确立。尽管它不属于工科，但其包括许多工程类课程。由于该专业实际运作需要有专业地位，就于 1952 年设立了一个建筑方向（CE）的学士学位。这个名称受专业发展工程师协会（the Engineers Council for Professional Development）的土木工程专业标准所公允，这是由于当时还没有一个专门的建筑工程公认的标准。针对建筑工程专业，ABET 在 1976 年制定了相关标准。因此，北卡罗来纳州立大学该学位的名称被改为建筑工程管理学士学位。

普渡大学（Purdue University）在 1976 年设立建筑工程学士学位，

1984年获得正式认可，这个学位名称后来改为建筑工程管理学士学位（CEM）。

建筑工程管理本科教育方向授予的是 CEM 的学士学位。这个学位正规的应由 ABET 的工程估价委员会（EAC）来认可。美国现在已有7个 ABET 承认的 CEM 专业分别在——爱荷华州立大学（Lowa State University）、北卡罗来纳州立大学（North Carolina State University）、北达科他州立大学（North Dakota State University）、普渡大学（Purdue university）、新墨西哥州立大学（University of New Mexico）、威斯康星大学——麦迪逊分校及西密西根州立大学（Western Michigan University）。由 ABET 所定义的构成 CEM 课程体系的五个主要组成部分：数学和基础理科类、工程学类、工程设计类、社会人文学科类、商业及管理类。然而，在专业的工程性、管理性和商业性各个特征之间它们仍力求寻求一种平衡；其数学和理科内容与其他工程专业相类似。这些专业同时强调工程设计。CEM 课程的设置目的就是使学生适应于建筑工业的工程和管理岗位。这些专业的毕业生将成为专业的工程师。

目前，该专业的毕业生受到各类型承包商的欢迎。建筑设计公司和许多有在建项目的业主也对该类人才产生需求。建筑毕业生可获得的职位包括：主管、项目经理、市场拓展员、现场、成本、进度、设计和安全以及质量控制工程师和业主代表。

（二）由 ACCE 评估的建筑工程管理专业

美国建筑教育协会（American Council for Construction Education，ACCE）对提供非工程类建筑管理学士学位进行评估和批准。该专业可隶属于工程学院、建筑、设计、商业或技术学院。

接受 ACCE 评估的工程管理相关专业的美国大学约有40多所，这里选择5所：Louisiana 大学建筑管理系（Department of Construction

Management)，Clemson 大学的建筑科学与管理系（Department of Construction Science and Management，Southern Polytechnic 大学的建筑系（Construction Department)，Florida 大学的房屋建筑学院（M.E. Rinker，School of Building Construction)，Peoria 理工学院。其课程安排分为工程技术、管理、经济等主要板块。如附件表 1-6、附件表 1-7 所示。

各校工程学及工程设计类课程设置情况　　　　　　　　　　附件表1-6

学分 课程　　　学校	Louisiana	Clemson	Southern Polytechnic	Florida	Peoria
建筑材料学	3	3			
静态学			4		
钢材设计	3			3	
混凝土结构	3			3	
木材框架设计	3			2	
卫生洁具				2	
机械学	3			3	
电力学				2	3
地基	3	3			3
建筑测量	3		3		2
建筑制图			3	3	
项目开发可行性研究			4		
建筑时间管理			4		
土地规划			4	3	
建筑规划与设计		3	3	3	4
建筑结构		3	4		3
测绘			2		
建筑生态学	3				3
建筑艺术		3			
建筑技术学	3			3	
建筑法			4		
建筑史				3	
建筑方法		4	4	2	3
学分小计	27	19	39	32	21

各校商业及管理类课程设置情况　　　　　　　　　　　　附件表1-7

学分　课程 \\ 学校	Louisiana	Clemson	Southern Polytechnic	Florida	Peoria
经济学	3	3		3	5
会计学	3	3	3	3	3
金融学		3		3	
人事管理	3	3			
商业技术函电				3	3
计算机应用	3	3	2		
合同的制定				3	3
项目估价	3	3		6	
人力估算					3
工作分析	3	3			3
安全管理	3		4		
工作监督			4	3	
质量控制和保证		3			
项目管理	3	3	4	3	
建筑财务管理		3			
成本控制和现金流量	3				
房地产			4		3
建筑程序模拟			3	3	
建筑经济学		3		3	3
学分小计	24	33	28	36	26
实习学分	6	9	8	7	14

　　五校共同的课程有：建筑规划和设计、建筑结构、地基学、计算机应用、项目管理、项目估价、建筑方法、安全管理、建筑经济学、会计学及经济学。特别是在商业和管理方面，各院校课程虽有变化，但基本上是以会计学和经济学为主，侧重于对学生在管理学和经济学基础知识方面的培养。除少数几门相同的课程外，其他课程在各校有较大的差异。

建筑科学方面，Louisiana 大学和 Florida 大学的课程比较接近，主要以技术课程为主；而 Southern Poly 大学则侧重管理课程。在建设施工方面，各校的课程差别很大，重叠课程很少。

建筑施工方面的具体实践课程所占比重很大，介于 30% ~ 50% 之间，可见美国对学生实践能力的重视程度之高，另外美国的工程管理专业课程中，实习学分的比重也很大，在受 ACCE 评估的美国高校中，最高的占全部教学课时的 36.17%，最低的也达到 9.84%。而我国的学生实践能力普遍较差，正应该充分借鉴美国教育的这些长处，进一步加强对学生实践能力的培养，真正做到理论与实践相结合，为社会培养出优秀的工程管理人才。

会计学和经济学较高学分突出的是 Peoria 理工学院，规定其为 5 个学分。而我国高校的工程管理专业，对经济学及其相关知识重视程度还普遍不够，这与工程管理作为介于工程与管理之间的一门学科、要求两者兼而有之不相称，所以我国应加强对学生进行会计、经济学等知识的传授，以真正满足实际工程管理工作中对经济管理知识的需要。

（三）美加体系下工程造价专业课程设置的特点

（1）突出工程背景，保证所学的课程要尽量多地涉及工程建筑的各个领域。有关工程建筑方面的课程，从现场管理（Site Management）、合同管理（Contract Management）、工程项目控制（Project Management），一直到工程保险（Construction Insurance）等，所开设的课程一应俱全。此外其他相关课程的选修课设置也非常丰富齐全，管理、经济、计算机软件、社会科学、法律等都有涉及。

（2）非常注重实践环节。学生拥有充足的实践机会，甚至还有到国外实习的机会，做到了在学生投入实际工作之前就完成了从学校学习到实际岗位工作的过渡。建筑施工课程方面的具体实践课程所占比重很大，介于 30% ～ 50% 之间，可见美国对学生实践能力的重视程度之高，另外美国的工程管理专业课程中，实习学分的比重也很大，在受 ACCE 评估的美国高校中，最高的占全部教学课时的 36.17%，最低的也达到 9.84%。

（3）学校专业与所属行业协会联系紧密。虽然专业课程的设置和教学计划是由学校自主制定的，但是关于该专业的办学质量的评估是由该专业所属的学会来做的，所以学会对于该专业课程和教学计划的制定起着指导性作用。而且，如果得到了学会的认可和支持，该专业的学生就会有机会到该学会进行实习和短期工作，优异者还会得到该学会的推荐，从而获得更多、更佳的职业机会。

（4）在商业和管理课程方面，侧重于对学生在管理学和经济学基础知识方面的培养。各院校课程虽有变化，但基本上是以会计学和经济学为主。就管理课程而言，美国许多高校都将会计学、经济学列为必修课程，并且都规定了较高的学分。

（5）美国各校非常重视培养学生的工程安全意识。许多学校开设工程建筑安全管理的课程。

附件 2 其他国家和地区工程造价专业人才执业教育分析

一、英联邦体系下工料测量专业的执业教育

对于工料测量高校毕业生而言，在执业准入阶段，获得行业协会的认证学位并不意味着有足够的专业能力从事相关专业工作，还必须经过一段时间的在岗培训，将课堂中所学的知识运用到实际工作中，才能更好地适应专业工作的要求。对于工料测量行业的从业人员而言，他们是否具备进行专业性工作所必要的能力和知识，是否能够满足工料测量行业发展的需要，都需要进行相关的考核。英国及亚太地区的行业协会逐渐意识到这个问题，并采取相应的手段，主要是对专业毕业生进行专业指导，使他们在经过认证的课程学习中所掌握的理论知识能够用于实践。其中，执业准入阶段的继续教育正是为解决类似问题而产生的，其在专业人才执业的管理起到了关键性的作用，并且也是从业人员从毕业生进入专业人士的必经教育阶段。

行业协会通过毕业生或从业人员的一段时间的实践工作，对其进行专业能力评估，来考察其是否获得了足够的专业能力，及从事专业工作时的能力水平。在专业能力评估程序中最核心的内容是根据行业市场对于专业人士专业能力标准体系核心能力的要求进行专业知识和实践的考核，对于达到核心能力要求的从业人员或毕业生批准获得专业的执业资

格，从事专业领域的工作。因此，行业协会通过专业人士认可制度有机地将专业能力要求与专业培养途径相联系，使从业人员的实践活动始终围绕专业人士执业的能力要求而进行，有效地保障了专业人才的执业能力要求。

（一）执业教育阶段的专业人士培养方式

执业准入阶段的继续教育是对专业人士在高等专业教育阶段所掌握的能力水平和行业市场实际能力需求的执业准入之间能力差异的磨合。这个能力磨合的教育再次将高等专业教育的教育内容与行业市场需求进行了深层次的契合，这个思想即是专业认证制度的本源思想。据此，进一步确定出执业准入阶段继续教育的培养方式为三个层面的内容：（1）执业准入阶段的执业准入条件；（2）执业准入的路径；（3）执业准入审核通过的评判标准，即 APC 测试。

1. 执业准入条件

（1）工作经验要求

一定年限的工作经验是任何工料测量专业人士申请成为行业协会会员的基本要求之一，也是专业人士专业知识和工作能力的综合体现。各行业协会对于申请者工作年限的要求各不相同，在同一协会中，工作年限要求的长短还随着申请者所拥有学历的不同有相应的要求。

（2）学历要求

行业协会专业人士的准入途径中另一项必要的内容是对学历的要求。一般来说，行业协会往往分别设置针对高校毕业生、业内实践经验丰富人员和业内资深人士的准入途径：1）对于高校毕业生，行业协会一般要求申请者具有经协会认可的工料测量高校学历，若不是经协会认可的学历，则需要通过一定的转换课程、专业培训或是实践工作经验年限要求增长等措施进行弥补；2）对于后两种情况的人员，协会往往不做学历要求，但也需要通过转换课程、专业培训或是实践工作经验年限要求增长等措施进行弥补。针对不同人群设置不同的准入途径和资格要求，有利于行业协会最大限度地吸纳行业中的优秀人才，壮大协会力量。

对于拥有经协会认证专业学历的学生而言，其参与的经认证的课程体系与工料测量师的资格准入条件之间有良好的衔接，有利于学生的专业培养和顺利成为协会认可的工料测量师，这种制度有利于发展行业协会对高校课程体系的认证制度。

2. 执业准入的路径

所调查的各国家及地区行业协会都根据本国工料测量行业的发展背景和现状来制定多条工料测量师执业准入途径，以最大程度地满足不同条件的人员。

下面以英国皇家特许测量师学会（Royal Institute of Charted Surveyors，RICS）工料测量相关专业人士的准入途径为例，来说明工料测量行业的专业人士准入途径。

第一个途径是最典型的路径，就是通过获得 RICS 认可的学位，再接着进行为期最少两年的系统化培训，通过评估，最终成为 RICS 的正式成员。第二个途径是通过转换课程学习成为测量师。假如候选人已经获得了非 RICS 认可的或者非测量专业学位，他们必须学习由 RICS 认可的研究生课程进行学位转换。第三个途径就是成为技术测量师（TechRICS），技术测量师也可以选择通过一定途径提升成为特许测量师。但是这个转化途径包括必须作为技术测量师工作最少两年，并且获得 RICS 认可的学位或文凭。如附件图 2-1 所示 ❶。

---

❶　张萍 . 工程咨询业和专业人士制度分析 [D]. 天津：天津理工大学 ,2004.

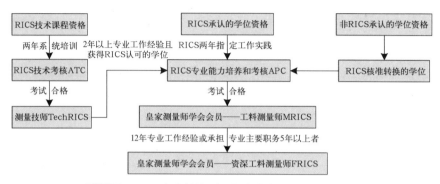

附件图 2-1　皇家特许测量师学会专业人士准入途径

除此之外，RICS 还有针对有经验的专家的入会途径，可以分为三种情况：一是经验路线（Experience Route），二是专家路线（Expert Rout），三是学术路线（Academic Rout），如附件图 2-2 所示。

从上述可知，专业人士进入行业协会的关键环节包括：① RICS 认可的学术资格，若不具备则需要更长的时间才可以成为会员。②成功通过专业能力评估（APC/ATC）。APC/ATC 实际上是一个有一定期限的工作时间和考试组成的培训过程。针对不同的人群入会的途径不同，同时要求其通过的专业能力评估也不同。

3. APC 测试

一个成功的工料测量师需要具有解决问题和沟通的技能，需要优秀的管理组织和团队工作能力，需要对建筑和自然的环境感兴趣，要有观察力和谨慎态度，需要有很强的数据和商业头脑等。在英国长期以来 RICS 形成了一整套行之有效的评价方法和评价程序，从而保证其执业资格能得到国际很多国家的认可，即专业能力评估（Assessment of professional Competence，APC）。它的目的是保证候选人从事专业工作时的能力水平符合会员标准。APC 评价方法通过评价候选人的实际工作情况，达到了解其理论水平和业务素质的目的。所以候选人不但应该

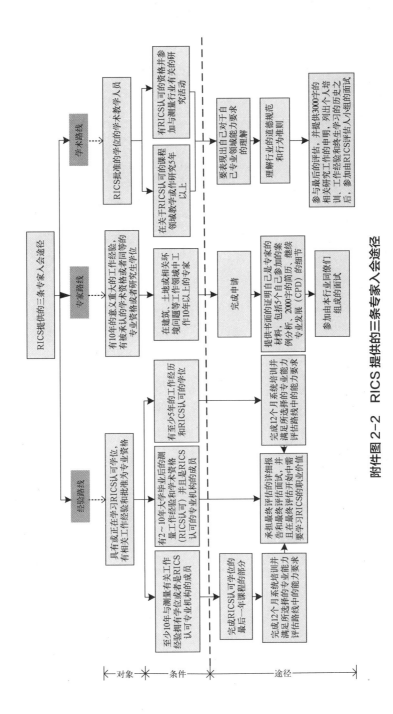

附件图 2-2　RICS 提供的三条专家入会途径

具备一定的理论水平而且需要有实际工作能力。

（二）执业教育阶段专业能力评估的内容

根据英国及亚太地区对工料测量专业毕业生成为专业人士的执业资格准入要求，执业准入教育过程中最主要的任务就是接受专业能力评估，不同的学历背景的人群接受不同的专业能力评估，通过专业能力评估来获得相应的会员资格。

1. 专业能力评估（APC/ATC）情况对比

对于 APC/ATC 的测试方法，各行业协会根据本国的具体情况都有不同规定，本报告着重对 APC/ATC 测试的参评人员情况、评估内容、检查制度等三方面进行对比。

（1）参评人员情况

通过对各国家及地区行业协会 APC 测试参评人员的比较，发现在 APC 测试中的主要参与人员有三类，分别是监督员、雇主和评估人员。监督员主要负责指导、培训和监督 APC 测试申请者每天的工作，检查申请者记录的工作日志，以保证申请者的实践工作质量，并能够获得 APC 测试要求的平衡的工作经验。雇主主要负责根据 APC 测试的要求，为申请者提供相应的工作以满足其获得要求的工作经验，同时也需要为申请者提供所需的工作环境、设施和时间，给予申请鼓励和支持。评估人员主要是指在 APC 测试最后阶段对申请者进行专业笔试和面试的评估小组，通常由行业协会的会员组成，负责对申请者进行最终考察。

（2）评估内容

各国家及地区工料测量行业协会在 APC 测试的过程中，主要包括三部分内容：行业协会要求并承认的专业教育学历、一定年限的实践工作经验和专业笔试与面试。

　　1）经认可的专业教育学历。APC 测试中对申请者最基本的要求是对其专业教育学历的要求，这也是申请者参加 APC 测试所应具备的最基本的条件。对于申请者的学历要求一般分为两种情况：拥有经协会认可的学历和拥有非协会认可的学历。对于拥有经协会认可学历的申请者，在满足相应的实践工作经验的条件后，即可直接申请参加 APC 测试；对于拥有非协会认可学历的申请者，还需要一定的培训和转换，如 RICS（英国皇家特许测量师学会）与 AIQS（澳大利亚工料测量师学会）提供的转换课程、BQSM（马来西亚工料测量师委员会）提供的 Toppin-Up 方案训练、SISV（新加坡测量师与估价师学会）要求参加的专业考试、HIKS（香港测量师学会）提供的专业培训等，均视为不具有协会认可学历的申请者提供的，目的是为了保证协会的会员具有必要的专业基础知识。

　　2）实践工作经验要求。参加实践工作，具有实践工作经验是 APC 测试所要检验的一项必要内容。各国家及地区工料测量行业协会都要求各申请者在成为专业人士之前应具有一定的实践工作经验：RICS 要求申请者要在至少 24 个月的培训期间内获得 400 天的相关工作经验；AIQS 要求参加 APC 测试的申请者应具有持续两年的工作经验；BQSM 要求其学生会员在具有两年的实践经验后，才可以申请并参加 TPC 考试；HKIS 要求对于具有经认可学历的学生会员，在找到能够提供训练机会的工作单位后，便可以向协会申请加入专业评核计划，见习测量师在经认可的单位工作满 30 个月后，才可申请 APC 测试；SISV 的 APC 测试内容主要是 24 个月的实践工作经验记录。

　　申请者的实践工作经验主要体现于其提交的实践工作记录，各行业协会都要求 APC 测试申请者将其实践工作以记录簿、工作日志、工作经历报告等方式进行记录，并定期进行相应的总结。为了确保申请者的实践工作质量，各行业协会还要求申请者定期将其工作记录交由监督员检查，以检验申请者的实践工作经验是否满足行业协会 APC 测试的要求。

3) 专业笔试与面试。在 APC 申请者的专业学历和工作经验审查通过后，即可参加专业笔试与面试。专业笔试测试，是为了测试见习测量师的实际专业能力，即申请者通过 APC 测试期间的学习，对实践知识和理论知识的掌握情况，以及对其中所包含的规则等方面知识的运用情况；专业面试测试，是为了测试见习测量师处事及应对能力，要求申请者对其相关工作经验进行阐述，商讨和评论相关主题。

（3）评估质量保证制度

通过对调查的各国家及地区行业协会 APC 测试规定的研究，可以看出 APC 测试的评估时间大约为两年左右，在这两年中行业协会对 APC 测试申请者的检查监督主要通过中期检查制度和终期检查制度进行。终期检查是申请者通过 APC 测试的最后检查，一般包括对申请者提交的各种文件的检查及对其进行的专业笔试和面试。中期检查制度在 RICS、BQSM、SISV 等协会中设有，主要是在考察过程中定期对申请者进行评估，RICS 与 BQSM 的中期检查设在第一年考察结束时，SISV 的中期检查则是每 6 个月进行一次，中期检查制度的设计，可以及早发现申请者在专业实践中所遇到的问题，进行相应的指导并及早采取补救措施，帮助申请者顺利通过 APC 测试。

2. 会员资格制度设置情况

通过对各国家及地区行业协会的调查，可以看出各国及地区行业协会的会员等级都分为四个层次：荣誉级会员、专业级会员、技术级会员和培训级会员，其中培训级会员一般不是行业协会的正式会员。各国家及地区行业协会会员等级设置情况如附件表 2-1 所示。

各国家及地区行业协会会员等级设置情况　　　　附件表2-1

行业协会 会员等级	英国皇家特许测量师学会	澳大利亚工料测量师学会	马来西亚测量师学会	新加坡测量师与估价师学会	中国香港测量师学会
培训级会员	学生会员、技术练习生、测量练习生	学生会员、见习测量师	学生会员、见习会员、毕业生会员	学生会员、见习会员	学生会员、见习测量师、技术练习会员
技术级会员	技术员会员	技术员会员	——	——	技术员会员
专业级会员	专业会员、资深会员	附属会员、会员、资深会员	准会员、会员、资深会员	会员、资深会员	专业会员、资深会员
荣誉级会员	荣誉会员	—	荣誉资深会员	荣誉资深会员	荣誉资深会员

由以上比较可以看出，各国家及地区行业协会的会员设置情况大致相同，基本都按荣誉级会员、专业级会员、技术级会员和培训级会员四种等级设置，各等级中的会员资格设置也大体相同：培训级会员主要指在校的学生会员和见习会员，技术级会员指 RICS、AIQS、HKIS 设置的技术员会员，专业级会员主要指行业协会的正式会员和资深会员，荣誉级会员指行业协会具有较高地位和影响力的荣誉会员。会员等级和资格的多样化设置有利于扩大行业协会的影响，将各层次工料测量专业人士组织起来进行专门管理，规范和壮大工料测量师队伍，同时也通过会员层次等级的划分促进工料测量师素质的提高。

二、美加体系下的工程造价专业执业教育

（一）专业协会对高校课程体系设置的认证制度

从工程造价人才培养的角度看，美国实施的是官方行政上的强制注册管理和行业协会的认证（认可）制度相结合的评估体系，对专业人士和高校教育起着规范和协调的作用。整个体系如附图3所示。

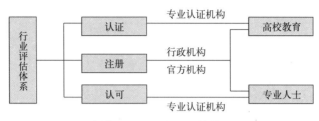

附件图 2-3　行业评估体系

其中官方机构对高校教育和专业人士均进行注册（Registeration）管理，注册是一种政府通过法律对教育机构和专业人士进行规范和约束的行为，无论是高校教育或专业人士，要想从业，必须经过注册这一环节。而认证（Accreditation）和认可（Certification）是自愿的，非政府行为，它所起到的主要作用是：保证和提高高等教育的质量；保证高等教育的学术价值；避免高等教育受到政治的影响和干预；为公众的利益和需要服务。

在美国，行业协会主要承担专业认证机构的职责。这些专业认证机构有的是负责对专业人士进行认可的，有的是负责对教育课程进行评估认证的。例如 AACE-I 就是对工程造价行业专业人士进行认可的专业认证机构，而 ABET 和 ACCE 就是对高校开设的工程造价专业的课程进行认证的专业认证机构。本研究报告中将主要介绍 ACCE 的课程认证过程。

（1）ACCE 的课程认证组织。该组织包括理事会、认证委员会、考察小组和仲裁委员会等机构。

1）理事会。ACCE 设有一个专门的管理学术教育的部门，称为理事会。其成员由相同人数的协会理事（Association Trustees）和教育理事组成，并且至少要有一名公共利益理事（Public Interest Trustee）和一名行业理事（Industry-at-Large Trustee）。

2）认证委员会。认证委员会（Accreditation Committee）是 ACCE 的四个执行委员会之一。它负责审阅所有的认证报告以及其他有关建筑教育课程体系的认证材料。按照 ACCE 的认证标准，经过严格考察申请认证的建筑教育课程体系，认证委员会向理事会可以根据不同的情况做出不同的推荐意见，可以建议其通过初步的认证、建议对其认证资料加以补充或者延长认证时间；认证委员会也可以向理事会建议拒绝对其进行认证或延缓对其认证。

3）考察小组。由考察小组（Visiting Team）对申请认证的建筑教育课程体系进行现场认证，小组成员由 ACCE 进行选拔，通常至少由 3 人组成，包括一名组长和至少两名成员，此外还可以有其他随行人员，包括在训组员和观察员。

考察小组的任务是：

①根据申请认证的学术教育机构对其建立该教育课程体系所设立的定期目标的说明，对该体系进行实地评估；

②在那些不进行现场考察就无法作出判断的区域建立符合 ACCE 认证标准的规定，并根据这些规定进行考察；

③考察小组根据相应的程序向认证委员会提交其考察报告以及关于认证的推荐意见。

4）仲裁委员会。仲裁委员会是一个特别行动小组，由 ACCE 总裁选择的人员构成，当有学术教育机构对认证委员会作出的认证持有异议时，可以向仲裁委员会提出申诉，该委员会就是为应付这种事务而设立的。以前未曾与提出申诉的学术教育机构发生过联系，同时未在考察小组和认证委员会从事教育课程体系评估的人员都可以进入仲裁委员会。

（2）AACE 对课程认证的程序。根据 AACE 认证手册的规定，认证的程序大致可以分为初始认证（Initial Accreditation）活动、重新认证

（Renewal of Accreditation）活动和其他认证活动。其认证流程如附件图 2-4 所示。

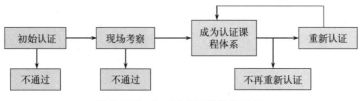

附件图 2-4 AACE 的认证流程

（3）AACE 课程认证的内容。根据 AACE 的相关规定，能够参加认证的建筑教育的课程体系必须达到的最基本的条件是：

①该课程体系必须设立于某一高等教育机构内，同时要求该教育机构能够合法提供高于中等教育水平的教育课程体系；

②如果这些教育机构位于美国境内，需由相应的地方认证机构作出认证，而如果这些教育机构位于美国国外，则需由相应的当地认证机构（如果存在的话）作出认证；

③已经运作了足够的时间，允许 ACCE 根据其教育程序来进行目标评估；

④提供主要强调专业建筑教育的学士学位（Baccalaureate Degree）或副学士学位（Associate Degree）的课程。

1）ACCE 对参加认证的教育机构在组织和管理方面的要求。

①对教育机构行政组织框架体系的要求。参加认证的教育机构应该能够为工程建筑教育部门（学院或者系等）建立教育权威和责任，充分利用资源实现教育目标的基础等提供一个合理的行政组织框架体系。工程建筑教育课程体系在这个行政组织框架体系下所发挥的功能应与该教育机构的使命和评估规程一致。负责工程建筑教育的部门应该在自身特

定的经验、条件和承诺约定的背景之下，接受应承担的行政职能和责任义务。

②对具体的建筑教育部门（学院、系或专业等）的要求。教育机构和教育部门的管理人员，必须保证所有的行政管理工作量都能根据其全部工作量进行细致的控制。教育部门的组织结构必须能够鼓励其内部的管理人员、教职人员和学生之间的交流，鼓励与其他学科的协调，鼓励与其他教育机构相互影响。教育部门的行政管理结构需要足够灵活，以便能够为了实现课程体系的目标，而进行必要的职能性改变。在教育机构政策许可的范围以内，教育部门的管理人员须通过各种手段鼓励教职工的职业发展，这样的手段包括获得职业经验、学习和研究、参加专业组织、参与专业会议和工作等。不仅如此，还要求教育部门的管理人员和教职工通力合作，共同为建筑教育的高质量而努力，并为促进整个教育体系的不断发展，建立一个能够实现这一发展过程的规划和评估结构。

③对于财务预算方面的要求。对于建筑教育部门来说，其财务状况是支持该课程体系进行的根本。预算分配必须符合教育部门在学生、教师等方面的规模。教育机构是否有实力支持该课程体系的一个重要表现即为其是否建立了运转良好的财务体系，包括：有竞争力的薪酬、对于教学材料及设备供应的资金支持、实验室设施以及课程体系所要求的其他方面的资金支持。总之教育机构必须对该课程体系有强大的财务支持，以使该课程体系能够达到既定的教育目标。除了对财务预算方面的要求以外，保证课程体系顺利运行的其他资源也必须充足，保证课程体系能够实现未来的规划和目标。

相对于预算内资金来说，其他一些非预算内的资金来源（例如捐赠等）的确定和统计也很重要，这些非预算内的资金来源将用于教师的发展福利等方面。确定教职工能力发展时所用的非预算基金（赞助、捐赠等）的范围显得尤为必要。非预算基金应当是教育机构所分配到的补充基金，而不是挪用其他的基金。

2）ACCE对工程建筑课程体系设置的要求。

①一般要求。对课程的设计必须能够跟得上建筑专业不断扩展的要求，能够跟得上知识体系的不断进步，还要能够为相关学科的发展作出贡献。要求进行认证的课程体系必须能够提供高于ACCE认证标准和规范的课程。在接下来提到的学科领域中，课程计划的灵活性可以鼓励不同建筑教育部门所强调的独特性。

为了准确地确定核心课程的学时分配，准确地包含课题内容(Topical Content)，课程体系必须为教育部门所讲授的每门课程提供教学大纲，大纲包括关于课程目的、讲授方法以及主题概要。大纲的格式应有统一的标准。

另外，在进行认证考察时，课程体系必须提供：

a. 教材的复印件、实验室手册和所用的参考资料，以确定教材和其他参考资料的适用性、覆盖范围和发行数量；

b. 测验、期中考试和期末考试、学期论文、实验报告、学生的代表作（不能只有成绩最好的作品）；

c. 本科生参与研究、社区服务、实习或类似专业经历相关活动的证明；

d. 学生记录，应与课程要求和方针一致。

②学士学位课程体系设置。课程体系的设置应当支持建筑教育部门的目标，符合下列所述5个课程类别的内容要求，这5个课程类别分别是：通识教育、数学及基础学科、商务与管理、建筑科学和建筑学。这5个课程类别的具体内容如附件图2-5所示。

③教职工。对工程建筑教育部门教职工的工作能力进行定性和定量

确定，有多种标准和规范可以供采用，但都强调教职工的资格条件和他们的责任义务。

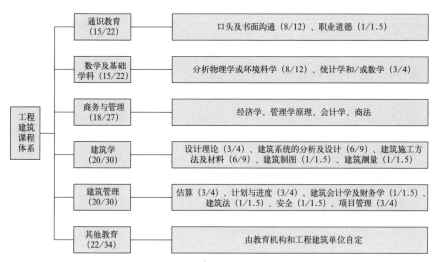

附件图2-5 五个专业类别的具体内容

注：1. 括号里标注的两个数字，前一个数字为应满足的最少学期学时，后一个数字为应满足的最少季度学时。

2. 建筑科学和建筑学是两门分别的学科类别。建筑科学和建筑学相结合的最小合计学时为50个学期学时（或75个季度学时）。

3. 1个学期学时等于15个教育学时；1个季度学时等于10个教育学时

教职工的学术资格、专业经验与从事的学术活动和创造性的活动必须达到一定的标准和要求，这些对于工程建筑教育的理论课程体系进行成功的管理是相当关键的。为了保证教育部门在招聘新的教职工时具有一定的竞争力，上级教育机构应当根据教职工的教育背景和专业经验来为他们提供相应的级别、薪酬以及相应的利益。

每个教职人员的教育准备必须包括在相关领域的学习，在这里他负有教学义务，包括相关基础学科的适当背景，因为，他的专业从这些支撑学科中获取主要概念和原理。

在对教职工能力进行评估时，必须要认识到适当的专业经验同正规的教育背景同样重要。持续性的专业进步对于教职工来说，是高质量的教学的先决条件。另外，教职工应当积极地参加专业性的组织和社区服务活动，向其他职业和公众传授建筑教育的课程。

教职工的人数应当同教育部门提供的课程数量相称，同时还要与入学的学生人数以及教职工的其他职责相称。教职工应当合乎教学的类型，并可与教育机构其他理论课程体系的教职工进行比较。教育机构应当熟悉每位教职工的全部专业责任和专业服务（除了课程讲授之外）能力。

④学生。准备入学的学生需要有一定理论能力对应各个学校的要求，还要有学习的动机，以及对将来职业的定位。招收的新生必须是那些拥有较高理论水平的，以及有明确职业目标的学生。录取政策是，优先录取那些有能力和信心顺利完成学业的学生。

对于学术成就的监督是相当重要的，较高的学术成就都应当得到承认，并且给予奖励。而低劣的学术成绩也应当得到披露，并采取相应的手段去解决出现的问题。

课外活动为学生提供颇有价值的人际交流以及领导经验，因此，鼓励学生在课余时间参与这样的活动，活动内容包括与建筑专业和贸易组织有关的活动。学生参与课外活动的范围是全体学生联合的表现，同时还是促进学生在毕业后加入专业社团的兴趣的体现。

对于任何学术课程体系质量的衡量，在于学生能够合格地毕业，并且能够在毕业后成功地推进其职业发展。因此，有必要同毕业的校友和将要毕业的学生保持联系，以了解课程体系的质量是否能够得到实践工作的认可。

⑤与建筑业的联系。

a. 来自建筑业的支持。建筑职业定位于实践，因此，非常有必要派遣一个建筑顾问委员会（由来自建筑业的代表构成）积极地参与到建筑课程的咨询工作中去。

顾问委员会应当至少每年碰一次头，对建筑课程体系的发展和进步提出建议并协助其发展。即使委员会的成员定期更换，对于成员的连续性还是有相关的要求的。咨询委员会成员的构成需要能够代表建筑课程体系毕业生的未来雇主。

b. 对建筑业的支持。应当有关于继续教育和研究（需要通过学校提出的要求）的课程体系，它直接适用于建筑业并支持建筑业。建筑课程也应当经常保持与不同赞助者的联络，因为这些赞助者为建筑业开展教育及职业发展活动做出了努力。

c. 学生与产业的关系。通过参与同建筑业有关的活动如现场参观、演讲等活动，详细地记录教师、学生和建筑业专业人员之间的交流和活动参与情况。学生应当积极地参加与建筑有关的组织，包括行业学会，还应当通过实习和合作教育计划，获得与建筑相关的经验。

⑥课程质量和成果评估。建筑教育部门必须制定学术质量计划，以确定其课程体系在不断发展时所采用的方法程序。该计划对于课程体系的不断进步和对它进行的持续评估来说，都是一个有用的工具，并要随时接受考察小组的审查。

所有评估计划中的一个重要部分，就是确定建筑教育课程体系中的学术质量指标。因为这样的指标是与课程体系目标直接相关的度量标准，并能为实现这些目标提供可行的数据测量方法。要求明确的学术质量指标和相应的衡量标准。

教育部门的学术质量计划将会形成以经验为主的评定基础，评定的内容主要是课程体系的定期成果。评估投入应当由教育部门的赞助者提供，赞助者包括在校学生、毕业生、雇主、捐赠人、建筑业的从业人员以及课程体系的计划人（院系、教职工和负责人）。学术质量计划应当详细说明质量评估循环过程。

　　鼓励专业课程体系，通过认证证明其教育能力和成果，专业协会的认证是对课程体系的教学成果评估的重要组成部分。

附件3 其他国家和地区工程造价专业人才继续教育分析

一、英联邦体系下的工料测量专业人才的继续教育

(一) 英联邦体系下的工料测量专业人才继续教育的模式

对于专业人士来说，执业发展教育对其顺利获得进入资深专家的职业生涯发展非常重要。执业发展教育就是在成为工料测量专业人士即工料测量师后，用终身学习的方法去规划、管理职业发展，并从职业发展中获取最大的收益。因此，可以说执业发展教育不仅可以改善专业人士的专业工作能力，还能促使他们不断探索新的领域，迎接新挑战，其有效地保障了专业能力标准体系中专家能力或发展能力要求的实现。

执业发展阶段的继续教育应在 APC 能力标准的基础上有所超越和提高，适应业内各种层次人才的需要 ❶。大致上来说可以根据高、中、低层次人才的需要设置不同水平的继续教育内容，并按照不同领域人才发展的需要，总体上将课程的内容分为满足技术发展需要的和满足商务能力发展需要的。

对于执业发展教育学习的效果主要是从对专业人士各种资质的认可、对其各种贡献的认可、客户对其的认可和专业人士自我能力的增强等方面进行体现的。根据执业发展教育学习后的效果，可以重新认定个

---

❶ 孙春玲. 英国工料测量高等教育与认证体制研究 [R]. 天津，2005.

人的专业水平和专业发展环境，进行下一阶段执业发展教育学习，形成一个循环推进的执业发展教育学习模式，具体如附件图 3-1 所示。

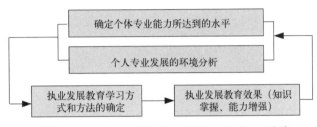

附件图 3-1　执业发展教育的循环推进过程和内容

（二）英联邦体系下工料测量专业人才继续教育的内容

根据英国及亚太地区对工料测量专业人士的执业发展教育，在接受执业发展教育之前，首先要确定个人在专业领域中所达到的水平和个人专业发展的条件。在明确这两点的基础上，根据行业协会所提供的执业发展教育计划，确定个人执业发展教育学习的方式和方法。执业发展教育学习的方式包括创新学习、分析学习、常识学习和动态学习；而执业发展教育学习的方法不仅包括正式的培训课程、研讨会或工作坊，事实上还包括许多其他方式的执业发展教育的活动类型，如：在工作中进行的活动、专业会议、研讨班、工作小组、著作和讲座、自学及非正式学习、工作之外的个人活动、培训课程和讨论会等。

执业发展教育内容的设置应建立在专业能力标准内容的基础上并有所超越和提高，适应业内各种层次人才的需要。大致上来说可以根据高、中、低层次人才的需要设置不同水平的继续教育内容，并可以按照不同领域人才发展的需要，总体上可以将课程的内容分为满足技术发展的需要和满足商务能力发展的需要。

正如 RICS 对继续教育的规定那样："继续教育的学习应贯穿于专业

人士的整个职业生涯，而且协会对于继续教育的规划应是系统的、持续不断地和不断提高的。"鉴于中国内地工程造价专业继续教育制度的不完善，因此要对各国或地区的继续教育制度的整体规划进行比较，以期能为中国内地继续教育制度发展提供指导。其次继续教育学习的活动与内容灵活多样，而且尽量与实际工作相结合，注重实效，这从各个行业协会对继续教育活动规定方面可以了解到，而且往往采用了与实际工作结合的做法，具体见附件表3-1、附件表3-2，从两表可以看出，继续教育活动方式灵活多样，掌握的重点就是针对不同的学习活动，应有相应的学习量计算方法和换算方法。而且对于其内容的设计没有一定的要求，其出发点就是要根据行业的发展、工料测量师的知识结构和能力标准和本国工料测量高等教育课程的设置情况进行内容的设计。

各国家及地区继续教育规划比较   附件表3-1

行业协会	继续教育规划	
英国皇家特许测量师学会	系统性的学习计划包含的阶段，分别是规划、确定目标和如何达到这些目标、设定学习目标、采取措施、结果、总结	
	继续教育制度的三个特点：持续不断的、专业性的、注重发展的。要进行有效的继续教育，就必须制定系统性的学习计划，这样才能增强绩效	
澳大利亚工料测量师学会	专业人士必须在 3 年内至少完成 40 个小时的继续教育课程，省的一般是按月进行。国家的继续教育在各个省首府和地方城市至少每年进行一次。对于边远地区的成员 AIQS 还有远程教育计划	
马来西亚测量师学会	除非由委员会免除继续教育，否则任何申请重新注册的会员要遵守以下各方面的要求。1. 继续教育记录的保管；2. 继续教育记录的提交；3. 不符合继续教育的要求（除非得到委员会的许可，否则申请重新注册的工料测量师不符合继续教育的要求，不能获得批准）；4. 继续教育积分不足；5. 继续教育积分过剩；6. 虚假申报	
新加坡测量师与估价师学会	继续教育计划的执行	执行继续教育计划必须达到的要求： 1. 每一个会员和资深会员在 3 年周期内必须完成 60 小时的继续教育。 2. 已经完全退休的会员、荣誉资深会员和见习会员可以不受本要求约束，但鼓励见习会员参加继续教育作为其专业责任的一部分
		CPD 活动及学时的计算

行业协会	继续教育规划	
新加坡测量师与估价师学会	继续教育计划准备推行的改革	1. 将原计划中的 3 年 60 小时的要求改为每年需要完成 20 个继续教育单元的培训计划。增加了完成继续教育计划协会将给会员发放的各种资格证明。 2. 明确了如果不能完成继续教育要求可能导致的后果。 3. 审查
中国香港测量师学会	协会正式会员都须在三年期限内最少完成一个 60 学时的继续教育，其中最少有 20 学时必须符合正式活动的要求。协会将抽查一定比例的会员看其每年执行继续教育的情况	

通过对英国及亚太地区各行业协会的继续教育规划分析，可知其在继续教育规划中的共性特点如下：①继续教育的学习应贯穿于专业人士的整个职业生涯。②行业协会对于继续教育的规划应是系统的、持续不断地和不断提高的。

各国家及地区继续教育活动比较　　　　　　　　　　　　附件表3-2

行业协会	继续教育的活动内容
英国皇家特许测量师学会	包括：在工作中进行的活动、与专业有关的会议、教育小组或工作组的活动、出版发行、自学及非正式学习、工作之外的个人活动、培训课程和讨论会等。学习方式可以是创新学习、分析性学习、常识学习和动态学习这几种方式中的一种或几种的组合
澳大利亚工料测量师学会	继续教育课程应该得到 AIQS 的认可。研讨会、演讲、培训 / 教育课程、会议，阅读杂志 / 出版物都不能包括在这 40 个小时之内。因为协会希望其成员任何时候都应该做到这些。成员还可以参加 AIQS 认可的讲课、研讨会、学术会议、研究生教育
马来西亚测量师学会	继续教育的学习方式主要包括：参加会议（每年参加定期会议的时间不少于60%）；参加研讨、座谈、短期课程培训和技术访问；研究或研究生学习；出书和发表文章；自学；仲裁听证会等。学习的内容主要包括：自我管理；财务知识；战略管理；IT 课程；人力资源；政府法律及建筑业规则等
	继续教育活动的主要内容，若要得到继续教育计划的认可，各项活动必须与下列内容有关： 工料测量理论或实践的一部分； 与会员现从事或可能从事职业有关的其他技术问题； 为提高会员的管理和商业效率的个人或商业技能

续表

行业协会	继续教育的活动内容
新加坡测量师与估价师学会	继续教育活动可以包括： 与职业发展有关的讲座、研究会、工作实习、年会、短期课程（Short Course）等 发表公开演讲或者担任受到关注的会议主席 经认可的正常学习的课程 经认证的系统的培训 参加 SISV 的理事会、QS 分部的委员会、SISV 的各种会议 担任相关的工作职务 举办讲座、研究会、年会、工作实习或者培训课程 正式发表的相关文章 相关研究 自学 远程或函授课程 参加相关团体组织的现场的技术参观
中国香港测量师学会	可供选择的继续教育学习模式：正式的学习；长期的专业项目活动；专业活动；HKIS 的工作组或研讨会；发表专业文章或进行讲座；培训课程等

通过对英国及亚太地区各行业协会的继续教育的活动内容分析，可知其在继续教育的活动内容中的共性特点如下：①继续教育的学习活动与内容应灵活多样，尽量与实际工作相结合，注重实效。②针对不同的学习活动，应有相应的学习量计算方法和换算方法。

可见，继续教育培训制度对于个人专业能力的促进是一个循环推进过程，应起到持续改善的作用。继续教育内容的设置应建立在 APC 能力标准内容的基础上并有所超越和提高，适应业内各种层次人才的需要。大致上来说可以根据高、中、低层次人才的需要设置不同水平的继续教育内容，并可以按照不同领域人才发展的需要，总体上可以将课程的内容分为满足技术发展需要的和满足商务能力发展需要的。

二、美加体系下的造价工程师的继续教育

AACE 为了保证取得 CCC/CCE 资格的人员能够跟上各自领域的

发展，因此出台了重新认定制度，其目的类似于前文提到的以英国为代表的工料测量师体系中的持续职业发展（Continuing Professional Development，CPD）。

（1）重新认定的周期。任何一个CCC/CCE在获取了初始的认定资格后应每3年进行一次重新认定。AACE-I的认定办公室会通知认定期将满的每一位CCC/CCE准备材料进行重新认定。每一位申请者必须确保自己及时并正确地提交了重新认定的申请。

（2）重新认定时CCC/CCE应该满足的要求。如果申请人希望能够获得重新认定，通常可以有两种选择：

1）重新考试。申请者将每三年参加一次AACE-I组织的资格认定考试（但重新认定的申请者无须提交专业论文）。

2）获取相应的重新认定所需的积分。这是一种被广泛采纳的方式，申请者需要在3年内积累15个重新认定所需要的积分。积分的获得通常有下列方式：从事造价工程的工作；参加当地AACE分部组织的活动；提交和（或）出版论文；或者也可以参加学会认可的学术讨论会（Seminar）或授课以获取继续教育的学分。

（3）积分的计算方法。AACE-I根据申请人所参加活动的不同规定了不同的积分计算方法。

1）执业（Performed）。从事造价工程工作一年通常可获得3个积分，该项最多可获得9个积分。

2）学习（Learned）。该项最多可获得8个积分，通过学习获得积分有以下几种方式：

①参加由各造价工程/项目管理社团组织的部门会议。参加一次会议可计0.25个积分，该项每年最多可获得1个积分。

②参加由协会（AACE-I或其他认可的造价工程/项目管理社团）

组织的造价工程学术讨论会、年会（Conferences）、现场诊断会议（Clinic）、工作坊（Workshop）、在线课程（Online Course）和座谈会（Symposia）。参加该项活动每 10 小时可计 1 个积分。

③参加由社团（Corporation）、大学、学院、商业协会（Trade Association）或专业团体（AACE-I 或其他认可的造价工程 / 项目管理社团）发起的造价工程或造价管理课程。每参加 10 个小时可获得 1 个积分。

④参加学会认可的大学、学院、在线教育或继续教育机构开展的继续教育课程。参加该项活动每 10 个小时可获得 1 个积分。

3）教学（Taught）。该项最多可以获得 9 个积分。通过教学获得积分有以下几种方式：

①从事全职的造价工程教育工作。从事一年可得 3 个积分，该项最多可获得 9 个积分；

②在大学、学院、行业（Industry）、联邦代理处（Federal Agency）、州政府（State Government）、当地社团（Local Community）、专业团体从事兼职的造价工程教育工作。每授课或演讲 10 小时可获得 1 个积分。

③向资格认定委员会提交了将来可用于考试的题目及其答案并被接受。每提供一道 A 部分考题可获得 1 个积分，每提供一道 B 部分考题可获得 0.25 个积分，该项最多可获得 4 个积分。

④向资格认定委员会提交一份尚未正式出版的专业论文并被接受。每篇论文可计算 1 个积分。

4）发表研究成果（Presented）。该项主要指公开的出版物或公开的演讲。

①在专业期刊、国内或国际杂志上公开发表造价工程的论文。每篇论文最多可计算 2 个积分。

②在 AACE 或其他技术团体组织的会议上发表造价工程的论文并发表演讲。每篇论文最多可计算 2 个积分。

③给专业人员、政府部门、社会团体或其他经过筛选的听众发表关于造价工程的论文或课程材料（Course Materials），并且对造价工程专业起到了积极的作用。每篇论文最多可计算 1 个积分。

④出版关于造价工程的书或教材。每本书最多可计算 4 个积分。

⑤完成关于造价工程的学位论文（Thesis or Dissertation）。每完成一篇可以计算 4 个积分。

5）提供服务。该项活动最多可获得 6 个积分，有以下几种方式：

①被选举为学会的官员或主管。每担任一年可获得 2 个积分。

②被选举为分部的官员或主管。每担任一年可获得 2 个积分。

③ AACE-I 资格认证委员会的成员。每担任一年可获得 2 个积分。

④对学会做出特别贡献的会员。每年可获得 2 个积分。

⑤作为专业社团、国家、洲、省、地方或当地的团体造价工程活动的志愿者。每年可获得 1.4 个积分。

6）获得工程类其他组织的资格认定或法律许可，该项最多可获得 6 个积分。

结　语

　　本研究针对工程造价专业人才发展过程中存在的问题，将研究内容具体分为绪论、我国工程造价专业人才培养与发展的战略框架、我国工程造价专业人才培养与发展的战略培养体系、我国工程造价专业人才培养与发展的战略组织与保障体系四部分内容。通过对这些方面的详细剖析，解决研究中发现的问题，为工程造价专业人才健康有序的发展提供支持。

　　第一篇绪论包括工程造价专业人才现状及 PEST 分析两个部分。首先对我国工程造价专业人才的在职人员和在校人员现有规模情况进行数据统计，并对我国工程造价专业人才管理、业务范围、职责、认证制度和培养模式以及保障情况进行详细论述；然后描述发达国家和地区工程造价专业人才发展现状，并与我国专业人才现状进行比较分析（研究报告中选取工程造价行业发展较好的英国和美国两个国家作为比选对象），为我国专业人才发展与国际接轨奠定基础；最后选取国内相关专业人才，例如建造师、监理工程师以及注册会计师，分别与我国工程造价专业人才的管理模式、现有规模、业务范围及职责和认证制度及培养模式进行比较发现自身优势，改善人才发展过程中存在的问题。PEST 分析是用来帮助行业（企业）分析外部宏观环境的一种方法，主要从政治（含法律）、经济、社会和技术等四个方面的影响因素进行识别和深入分析，从而掌握面临的宏观环境，确定行业（企业）的战略目标。本研究通过 PEST

分析，发现我国工程造价专业人才在发展过程中随着外部宏观环境变化面临新的机遇和挑战，充分掌握现阶段我国工程造价专业人才存在的缺陷和问题，为专业人才的健康发展奠定良好的基础。

第二篇工程造价专业人才培养与发展战略框架分为指导思想和基本原则、战略制定及目标制定三个部分。第一部分站在国家的战略高度和全球化竞争及国家可持续发展的高度上制定工程造价专业人才培养的指导方针和基本原则；第二部分根据我国工程造价专业人才发展现状确定人才发展总体战略为规模战略和能力战略，根据总体战略确定具体战略，包括人才能力标准层级划分、职业资格制度改革背景下造价工程师执业资格制度的完善战略、国际化和复合型人才培养专业人才培养以及高等教育对等等具体战略。第三部分工程造价专业人才的目标制定。基于工程造价专业人才发展战略指导思想基本原则，本研究利用灰色系统预测GM（1，1）模型和多元统计分析工具制定了我国工程造价专业人才的规模目标，并采用方案比选的方法制定了我国工程造价专业人才的能力标准。

第三篇详细论述工程造价专业人才培养与发展的战略培养体系。本部分内容研究框架统一，首先深入分析工程造价专业人才的学历教育、执（职）业教育及继续教育现状，接着对比分析国内外工程造价专业人才的培养体系，随后在此基础上针对这三部分内容提出合理化建议。下面仅对我国工程造价专业人才培养体系建议方面做结论总结：（1）学历教育方面该研究针对我国工程造价专业的课程设置、实践教学改革、对高校课程体系认证制度、工程造价专业教材以及支持全国普通高校工程造价类专业协作组工作和定期发布工程造价行业需求信息等六项提出了合理化建议；（2）执（职）业教育方面针对我国现有工程造价专业人才等级提出合理意见；（3）继续教育方面着重强调具体措施，大致包括加强学科支持、建立造价工程师分级分类继续教育管理和认证体系、积极推动"互联网＋教育"优化继续教育资源配置、造价工程师继续教育课程体系设计，并着重根据专业人才等级划分计划采取完善的措施，促进专业人才的健康发展。

第四篇工程造价专业人才培养与发展战略组织与保障体系，建立了以政府、行业协会、高校、企业为核心的"多位一体"组织框架，明确各主体的角色定位和职能分工，构建各参与主体协同机制，共同为工程造价专业人才健康发展提供组织保障。除此之外，分别从国家政策、制度以及考核四个方面建立专业人才培养与发展的战略保障体系。

综上所述，本研究从工程造价专业人才发展现状出发，发现现实问题，构建工程造价专业人才培养与发展的指导思想和战略框架，确定未来发展目标，选择优化解决问题的方案，此外为我国工程造价专业人才发展建立有效的组织和保障体系。整个研究过程内容较为充实完整地展现了研究现状并且通过方案比选合理建议在一定程度上为我国工程造价专业人才的未来发展指明方向，促进工程造价行业健康有序的发展。